互联网口述历史
第 1 辑
英雄创世记

03

永不陨落的
"互联网之父"

拉里·罗伯茨

Larry Roberts

主编
方兴东

中信出版集团│北京

图书在版编目（CIP）数据

拉里·罗伯茨：永不陨落的"互联网之父"/方兴
东主编. -- 北京：中信出版社，2021.4
（互联网口述历史.第1辑，英雄创世记）
ISBN 978-7-5217-1313-8

Ⅰ.①拉… Ⅱ.①方… Ⅲ.①互联网络—普及读物②
拉里·罗伯茨—访问记 Ⅳ.①TP393.4-49
②K837.126.16

中国版本图书馆CIP数据核字（2019）第294729号

拉里·罗伯茨：永不陨落的"互联网之父"
（互联网口述历史第1辑·英雄创世记）

主　　编：方兴东
出版发行：中信出版集团股份有限公司
　　　　　（北京市朝阳区惠新东街甲4号富盛大厦2座　邮编　100029）
承 印 者：北京诚信伟业印刷有限公司

开　　本：787mm×1092mm　1/32　　　印　　张：5.25　　字　　数：78千字
版　　次：2021年4月第1版　　　　　　印　　次：2021年4月第1次印刷
书　　号：ISBN 978-7-5217-1313-8
定　　价：256.00元（全8册）

To Cyberlabs
Great interview with great questions
Glad to have you.

Larry Roberts (signature)

致互联网实验室：

很棒的采访，精心设计的问题。

与你们见面很开心。

拉里·罗伯茨

拉里·罗伯茨写寄语

互联网口述历史团队

学 术 支 持：浙江大学传媒与国际文化学院
学术委员会主席：曼纽尔·卡斯特（Manuel Castells）
主　　　　编：方兴东
编　　　　委：倪光南　熊澄宇　田　涛　王重鸣
　　　　　　　吴　飞　徐忠良

访 谈 策 划：方兴东
主 要 访 谈：方兴东　钟　布
战 略 合 作：高忆宁　马　杰　任喜霞
整 理 编 辑：李宇泽　彭筱军　朱晓旋　吴雪琴
　　　　　　　于金琳
访　　　谈　　组：范媛媛　杜运洪
研 究 支 持：钟祥铭　严　峰　钱　竑
技 术 支 持：胡炳妍　唐启胤
传 播 支 持：李　可　张雅琪

牵 头 执 行：

学术支持单位：

浙江大学社会治理研究院　　　互联网与社会研究院

特 别 致 谢：

　　本项目为2018年度国家社科基金重大项目"全球互联网50年发展历程、规律和趋势的口述史研究"（项目编号：18ZDA319）的阶段性成果。

目　录

总序 人类数字文明缔造者群像

方兴东

"互联网口述历史"项目发起人

新冠疫情下，数字时代加速到来。要真正迎接数字文明，我们既要站在世界看互联网，更要观往知来。1994年，中国正式接入互联网，至那一年，互联网已经整整发展了25年。也就是说，我们中国缺席了互联网50年的前半程。这也是"互联网口述历史"项目的重要触动点之一。

"互联网口述历史"项目从2007年正式启动以来，到2019年互联网诞生50周年之际，完成了访谈全球500位互联网先驱和关键人物的第一阶段目标，覆盖了50多个国家和地区，基本上涵盖了互联网的全球面貌。2020年，我们开始进入第二阶段，除了继续访谈，扩大至更多的国家和地区，我们更多的精力将集中在访谈成果的陆续整理上，图书出版就是其中的成果之一。

通过口述历史，我们可以清晰地感受到：互联网是冷战的产物，是时代的产物，是技术的产物，是美国上升期的产物，更是人类进步的必然。但是，通过对世界各国互联网先驱的访谈，我们可以明确地说，互联网并不是美国给各国的礼物。每一个国家都有自己的互联网英雄，都有自己的互联网故事，都是自己内在的需要和各方力量共同推动了本国互联网的诞生和发展。因为，互联网真正的驱动力，来自人类互联的本性。人类渴望互联，信息渴望互联，机器渴望互联，技术渴望互联，互联驱动一切。而50年来，几乎所有的互联网先驱，其内在的驱动力都是期望通过自己的努力，促进互联，改变世界，让人类更美好。这就是互联网真正的初心！

互联网是全球学术共同体的产物，无论过去、现在还是将来，都是科学世界集体智慧的成果。50余年来，各国诸多不为名利、持续研究创新的互联网先驱，秉承人类共同的科学精神，也就是自由、平等、开放、共享、创新等核心价值观，推动着互联网不断发展。科学精神既是网络文化的根基，也是互联网发展的根基，更是数字时代价值观的基石。而我们日常所见的商业部分，只是互联网浮出水面的冰山一角。互联网50年的成功是技术创新、商业创新和制度创新三者良性协调联动的结果。

可以说，由于科学精神的庇护和保驾，互联网50年发展顺风顺水。互联网的成功，既是科学和技术的必然，也是政治和制度的偶然。互联网非常幸运，冷战催生了互联网，而互联网的爆发又恰逢冷战的结束。过去50年，人类度过了全球化最好的年代。但是，随着以美国政府为代表的政治力量的强势干预，以互联网超级平台为代表的商业力量开始富可敌国、势可敌国，我们访谈过的几乎所有互联网先驱，都认为今天互联网巨头的很多作为，已经背离互联网的初心。他们对互联网的现状和未来深表担忧。在政治和商业强势力量的主导下，缔造互联网的科学精神会不会继续被边缘化？如果失去了科学精神这个最根本的守护神，下一个50年互联网还能不能延续过去的好运气，整个人类的发展还能不能继续保持好运气？这无疑是对每一个国家、每一个人的拷问！

中国是互联网的后来者，并且逐渐后来居上。但中国在发展好和利用好互联网之外，能为世界互联网做什么贡献？尤其是作为全球最重要的公共物品，除了重商主义主导的商业成功，中国能为全球互联网做出什么独特的贡献？也就是说，中国能为全球互联网提供什么样的公共物品？这一问题，既是回答世界对我们的期望，也是我们自己对自己的拷问。"互联网口述历史"项目之所以能够得到全世界各界的大力支持，并产生世界范围的影响，极重要的原因之一就是这个项目首先是一个真正的公共物品，能够激发全球互联网共同的兴趣、共同的思考，对每一个国家都有意义和价值。通过挖掘和整理互联网历史上最关键人物的历史、事迹和思想，为全球互联网的发展贡献微薄之力，是我们这个项目最根本的宗旨，也是我们渴望达到的目标。

前　言

时代与个人，到底是谁成就了谁？

50 年前的 1969 年，发生了两个影响世界的重大事件。

一个是震动世界的阿波罗登月计划（Apollo program），始于 1961 年 5 月，1972 年 12 月第 6 次登月成功结束，历时约 11 年，耗资 255 亿美元，约占当年美国 GDP（国内生产总值）的 0.57%，约占当年美国全部科技研究开发经费的 20%。1969 年 7 月 16 日，"阿波罗 11 号"承载着全人类的梦想登上了月球表面，这是整个人类迈出的伟大一步，也是世界航天史上具有划时代意义的一项成就。在工程高峰时期，参加工程的有 2 万家企业、200 多所大学和80 多个科研机构，总人数超过 30 万人，提供了惊人的长期就业增长。其科技成果所带来的深刻影响，人类至今受益。

　　另一个是当年默默无闻却在今天改写整个人类社会发展进程与命运的阿帕网① 项目。四个节点的阿帕网的出现通常被看作全球互联网得以发展的划时代事件。这个由美国国防部经费支持的项目，堪称人类有史以来最伟大的发明创造之一，现早已深刻融入人们日常的社会与生活之中，成就了今天的网络时代。

　　2019 年——互联网诞生 50 周年之际，全球网民总数已超过 43 亿，普及率超过 50%。互联网 50 年的发展史，贯穿了互联网缔造者们由始至终坚持和体现的互联网精神：开放、自由、创新、平等……这群真正的互联网英雄，正是成就今日互联网之中流砥柱，他们怀抱着纯粹的促进人类互联和改变世界的理想与激情，促成了互联网的诞生。也正是他们推动了互联网从军方走向校园、从美国走向全球，成就了今天互联网的蓬勃发展，缔造了人类发展和进

---

① 阿帕网，20 世纪 80 年代的美国网络不叫互联网，而叫阿帕网（ARPAnet）。所谓"阿帕"（ARPA），是美国高级研究计划局（Advanced Research Project Agency）的简称。其核心机构之一信息处理技术办公室（IPTO）一直在关注电脑图形、网络通信、超级计算机等研究课题。阿帕网是美国高级研究计划局开发的世界上第一个运营的封包交换网络，它是全球互联网的始祖。

步的全新动能，初步实现了"一个世界，一个网络"的伟大梦想。

当下人们对互联网早习以为常，却不知它诞生的背后充满了历史的巧合与惊险。50 年的成就和今天的一切都来之不易，当我们走近这些互联网英雄，去倾听和挖掘历史背后的故事，可以总结很多关键的经验和教训。这些启示，对于我们正确面对当下和未来的挑战，至关重要。

迄今为止，"互联网口述历史"项目已经访问了近 400位互联网先驱。作为"互联网之父"之一，美国计算机科学家拉里·罗伯茨（Larry Roberts）尤其特别。虽然阿帕网项目的立项工作是鲍勃·泰勒① 完成的，但是阿帕网项目的整个规划、架构、招标、技术选择和监督等，都是拉里·罗伯茨完成的。阿帕网的建设无疑凝聚了很多人的智慧和心血，但是，整个项目的决策者和最终拍板者就是拉里·罗伯茨。可以毫不夸张地说，拉里·罗伯茨是真正的阿帕网总设计师，也是让互联网真正从构想到实现的总建筑师，

---

① 鲍勃·泰勒（Bob Taylor），也称罗伯特·泰勒（Robert W. Taylor），1932 年出生，曾任美国国防部高级研究计划局信息处理技术办公室主任。于 2017 年 4 月 13 日逝世。

正是他带领一批互联网先驱，确立了以分组交换①为基础设计的互联网前身——阿帕网，并强势推动实施，完成了互联网从 0 到 1 的质的飞跃！

与拉里·罗伯茨的访谈历经两年，四次沟通每一次都聊得轻松愉快。这位伟大的科学家性情寡淡，是一个典型的理工男，从天才少年到超级学霸，从年轻学者到美国工程院院士，从科学家到创业者，博士双亲的强大基因造就一代互联网巨匠。在创建了阿帕网之后，拉里·罗伯茨于 1973 年投身网络技术的商业化之中，这比互联网浪潮的掀起至少提前了 20 年。此后的 40 多年中，他在创业路上可以说屡战屡败，屡败屡战，始终致力于将创新技术推向社会。随着访谈的抽丝剥茧，我们渐渐深入拉里·罗伯茨的工作、生活、家庭……这位专业翘楚洞察力敏锐，造诣高深，在人生和事业道路上的见识、经验和阅历，蕴含着多重宝贵价值，深深吸引着我们想更进一步去探究和了解，我们还计划着第五次、第六次的访谈。

---

① 分组交换（Packet Switching），又称包交换。是指将用户传送的数据划分成一定的长度，每个部分叫作一个分组（Packet），每个分组的前面有一个分组头，用以指明该分组发往何地址，然后由交换机根据每个分组的地址标志，将其转发至目的地，这一过程被称为分组交换。

　　孰料 2018 年 12 月 26 日，拉里·罗伯茨因突发心脏病去世。我们在《纽约时报》看到这个消息时，简直不敢相信。音容笑貌犹在眼前，但拉里·罗伯茨已经永远离开我们，我们再也没有机会听他亲口讲述自己的历史，这种缺憾再难弥补。

　　今天的我们享受着互联网带来的巨大好处，创业者追逐着互联网带来的巨大财富，然而，推动世界互联的理想和情怀，已经淡出我们的视野，远离大众的关注。即便是"互联网之父"拉里·罗伯茨这样一位伟大人物去世的消息，也几乎没有引发关注，显得异常冷清。在互联网催生的这个喧嚣和热闹的世界里，我们早已经不需要一个怀抱理想、远离功利、恬淡安静的像拉里·罗伯茨这样的"互联网之父"了。于是，拉里·罗伯茨走了，永远走了。

　　难道拉里·罗伯茨们当年代表的时代精神也会从此远离我们吗？我们希望人类向美好生活前进的时代精神能够永远如繁星闪耀在浩瀚的夜空，而我们的"互联网之父"也永不陨落，可以在遥远的天上欣慰地注视着这个星球继续向更加繁荣和幸福的未来挺进。

　　这是"互联网口述历史"项目的出发点，更是我们呼唤和倡导的价值取向。

　　我们不会停止步伐，而会最大程度地挖掘和还原互联网 50 年的精彩历史，我们才刚刚开始。

拉里·罗伯茨接受访谈

人物生平

拉里·罗伯茨，美国科学家，美国工程院院士。

　　1937 年出生在美国康涅狄格州的西港（Westport）。仅用 8 年时间就完成麻省理工学院的本科、硕士和博士学位连读，1963 年获得博士学位后选择留校，继续为麻省理工学院林肯实验室工作。1961 年，受到利克莱德①的文章

---

① 约瑟夫·利克莱德（Joseph Licklider，也称 J.C.R. Licklider），1915 年出生，全球互联网公认的开山领袖之一，麻省理工学院心理学和人工智能专家。1960 年他发表了一篇题为"人—计算机共生关系"（Man-Computer Symbiosis）的文章，设计了互联网的初期架构——以宽带通信线路连接的电脑网络，其目的是信息存储、提取以及实现人机交互的功能。于 1990 年逝世。

《星际计算机网络》中的观点启发，罗伯茨提出多电脑网络与电脑间通信的概念。

1966 年，他成为美国高级研究计划局信息处理技术办公室的首席科学家，带领团队创建了现代互联网的前身——阿帕网。1982 年在瑞典获得爱立信奖（L. M. Ericsson Prize）。

2001 年，拉里·罗伯茨与其他三位科学家——伦纳德·克兰罗克（Leonard Kleinrock）、温顿·瑟夫（Vinton G. Cerf）和鲍勃·卡恩（Bob Kahn）一起获得美国工程院德雷珀奖，并一起被称为"互联网之父"。2002 年获得西班牙阿斯图里亚斯王子奖。

拉里·罗伯茨创办过多家互联网科技商业公司。

第一次访谈

访 谈 者：方兴东、钟布、李颖
访谈地点：美国加利福尼亚州
访谈时间：2017年8月3日

访谈者：您好！能不能先聊聊您的童年？

拉里·罗伯茨：好的。我在 1937 年 12 月 21 日出生，家乡在康涅狄格州的西港小镇。康涅狄格州在美国的东北部，就挨着纽约，开车很快就能到。"康涅狄格"这个名字源自印第安语，意思就是"潮汐河流的区域"。我的家乡环境很美，有很多树，还有一条河。

我的父亲艾略特·J. 罗伯茨，母亲莎白·吉尔曼·罗伯茨，他俩都是化学博士。我还有两个姐姐，我们家一共 3 个孩子，两位姐姐都比我大得挺多，大姐大我 7 岁，二姐大我 3 岁。

访谈者：您和家人的关系如何？

拉里·罗伯茨：整体来说，我家是那种很传统、很规律的家庭。家里由我母亲负责做饭，我的祖母偶尔来和我们一起住一段时间，她会帮着做饭。早餐我们很随意，什么时候起床就什么时候吃一点。但是晚餐时一家人一定要一起吃，坐下来边吃边聊，说说一天都发生了什么。我们一家人的感情是非常亲密的。

我和大姐在一起的时间不多，因为我很小的时候她每天很早就出去上学了，后来她去了康奈尔读大学。我和二姐一起待的时间更多一些，但因为年龄差和性格差异，我们不怎么在一块玩儿。

两个姐姐都受过很好的高等教育。大姐读的是康奈尔大学，读到教育学硕士，其实她也可以继续深造取得博士学位，但是当时的社会环境远不如今天这样开化，就是有些奇怪，取得高学历反而是种麻烦。那时本科生毕业以后去应聘找工作，能得到正常的报酬。拿到硕士学位的人去应聘，因为雇主不想支付更高的薪酬，反而不好找工作了。大姐就遇到了这样的问题，后来她去特殊教育学校做老师，生活和工作跟着她先生搬迁变动，最后定居在科罗拉多州，继续教书。

二姐在马萨诸塞州的塔夫茨大学上学，后来做了生物学教授，在波士顿大学、马萨诸塞州立大学任教。

访谈者：还真不知道您的双亲都是化学博士，他们对您有影响吗？

拉里·罗伯茨： 非常大。父亲和母亲对我影响都很大。

父亲对事业特别投入，而且他简直是全能。他的专长是化学，他是化学博士，还负责把关化学反应，提供化学支持，但除此之外他也非常擅长木工和修理。他能修房子，包括屋顶，能修理各种电器、各种家具。有时我也会给他帮忙。

他是道尔－奥立弗（Dorr-Oliver）公司的研发副总裁，公司生产和销售他研发的装备。他还有一个实验室，就在离我家不远的地方，走路就可以过去。所以我可以常常去他那里玩儿，看看他在干什么。

我常常能看到他和他的团队做研究。那里有大型分离设备，以及适用于各种大型分离器的设备。父亲的能力很强，在他所参与的项目中他的职位都很好，他还负责把关化学反应，提供化学支持。我为他感到非常骄傲。父亲对工作是全身心投入的，到 90 岁的时候，他仍然还是多年如一日地投入在工作中。

母亲让我感受到了学识渊博、精力充沛和个性坚强的魅力。她是做志愿工作的，这跟当时的社会大环境有关系。那个年代社会上的就职观念是很奇怪的，高学历的女性反而不容易找到工作。所以我母亲参加了志愿工作，她加入

美国女童子军 ① 组织做管理，同时参与联合基金的管理工作。后来她还担任了很多不同团体和组织的负责人。母亲对社团很有贡献，她有很强的领导力。

母亲很支持父亲的事业。她在药物学和很多其他领域的学识都很渊博，读博的时候他们学到了远超常人的医学知识。受惠于这种家庭环境，我们几个孩子对药品和化学品的了解也远比常人要多。

我父母的学识和职业给我带来了良好的家庭环境，他们对待事业的勤奋，努力达成目标这些特质，让我从小受到鼓舞热爱科学，这很正常，也是必然。我从小就有种想法，给自己树立了目标，朝着自然科学领域发展，选好自己的领域，像父母一样拿到博士学位，去做个科学家，干出点成绩来。

他们两位都非常聪明，有能力，都生活得很好，活到90 多岁，比当时的大多数人都高寿。

---

① 美国女童子军（Girl Scouts of the USA），又称美国女童子营，创立于 1912 年 3 月 12 日，是世界最大的女童组织。该组织强调女性领导，培养女孩品德，树立女孩信心，同时还提供其他学习生活和工作技能的机会。

访谈者：可以说说您自己的学习经历吗？

拉里·罗伯茨：我上学以后一直在西港小镇读书，中学就读于西港小镇上的斯台普斯中学（Staples High）。

我的学习成绩非常好，在满分 100 分的标准化考试中我可以考到 99.99 分。所以考大学时，我可以说是毫无困难地得到了所有想去的大学的录取通知书。大学报考的时候我填报了三所学校，耶鲁大学、哈佛大学和麻省理工学院。我父母都是在耶鲁大学读的研究生。后来三所大学都录取了我，这其中我最喜欢麻省理工学院，麻省理工学院的电子学非常厉害，所以我最后就选了它。

访谈者：您父母都是化学博士，您选择做电子工程而不是化学，他们没有意见吗？

拉里·罗伯茨：我父母从小就不太管我，我想做什么，他们就让我做什么。事实上，我小时候做出了家里第一台电视机。那时，电视机才刚刚面世，大家一台也没有，我却自己造了一台。当时我大概 12 岁，由于电视机价格昂贵，所以用工具和材料自己组装一台电视机，可能是拥有一台电视机最经济实惠的方式。我对电视机是如何运行的很感兴趣，并感到好奇，自己也想体验这个组装的过程，于是就组装了一台。

访谈者：这可是一件相当伟大的作品，您父母觉得很自豪吧？

拉里 · 罗伯茨：还好吧。他们平静地接受了这件事，该发生的发生了，他们并没有太在意。这对他们而言不算大事。我们把电视机放在娱乐室，大家想看就看。

访谈者：回到前面一点，父母支持您选电子专业？

拉里 · 罗伯茨：是，我父母完全支持我。在上大学之前选专业的时候，我感觉化学看起来像一个老头儿，陈旧且没什么新意，而我想寻找新的领域，一个可以创造真正的变革、改变世界的新领域，实际上后来我也真的做到了（笑）。中学时代我就有想进入电子领域的想法，看到电子学方兴未艾，于是就想要去接触这种新事物。

我知道，现在的孩子让父母资助去接受高等教育并不太容易，年轻人都是工读，但我父母负担了我读大学阶段的费用，然后我读研究生时又拿到助教奖学金，这让我足以应付生活开支，还有富余。

大学时代我成绩也还是很好，本硕连读，接着一口气读完博士，从 1955 年到 1963 年，我在那儿度过了 8 年，完成了学业。读博的时候我在麻省理工学院的林肯实验室里参加了很多研究工作。

访谈者：8 年读完本硕博，那您的学习成绩一定非常优秀吧？

拉里·罗伯茨：当然，我的成绩一直很好。因为我认为学生就必须在学业上表现突出。上了大学以后，我还是时刻把学业放在第一位。

大一时我所有学科的成绩都是 A。学校中像我这样的学生大约有 30 人，于是学校把我们组成一个特别班级，并称为 6B 班。这是一个本硕连读的实验班，这种极其特别的班型不是常规存在的，现在已经没有了。

我们这个小班的 30 个人，大家都很聪明，所以上课也非常让人兴致盎然。当时教授们给我们的授课引导非常全面，不只是课堂，还经常带我们去实验室里做实验，所以我接触实验室就比较早。

访谈者：那么，您一入学麻省理工学院，就开始发展出对计算机应用的强烈兴趣吗？

拉里·罗伯茨：不是这样的。大学过半，因为无聊，我参加了很多活动，而且很多实验项目对我来说都非常简单。

但是在大三时，我遇到了真正的目标。当时 TX-0[①]计算机被引入学校，它基本上是美国数字设备公司（DEC）PDP-1 的原型机，是最早的晶体管计算机[②]。

以前我并不知道计算机这东西，我读过很多学科的书，但是关于计算机的文献几乎没有，20 世纪 40 年代计算机还没有普及。人们对计算机的研究和操作都是从 20 世纪 40 年代后期开始的，在这之前根本没有关于它的公开文献，在当时它本身也不是会被大众所了解的东西。

我接触计算机并不是主观上萌发什么兴趣，当时的环境也不具备这种条件，我从小就感兴趣的那些物件从根本上来说只是电子产品。

直到在学校的地下室里看到 704 机，我才算是真正接触到了计算机。那时候麻省理工学院都没有什么计算机，只有一台 704 机和一台 TX-0。704 机放在地下室，我负

---

① 第一台晶体管制造的通用可编程计算机.TX-0 computer by MIT (1956). https://www.arcade-history.com/?n=tx-0&page=detail&id=102939

② 晶体管计算机，指 20 世纪 50 年代末到 60 年代的计算机。主机采用晶体管等半导体器件，以磁鼓和磁盘为辅助存储器，采用算法语言（高级语言）编程，并开始出现操作系统。由于采用晶体管代替电子管，所以很轻，且运算速度比较快，达到每秒几十万次。

责保管这台机器的磁带驱动器，那是我第一次看到计算机。当然可能学校里还有其他的计算机，但是我没看到有多少。

那时有一些具备了后来计算机特点或类似于计算机的计算器已经开始出现了。我有一个惠普计算器，我不能确定它是什么时候出现的，但每当商家开始销售工作用惠普计算器时，我都能拿到。

对于 TX-0 计算机，人们都希望能利用它、使用它，但是没有人了解它。

当时只有我了解这种机器，我独自一人一头扎进去，摸索它，用它编程。在联网的第一年，我前后累计花了700 个小时，时间几乎都用在这上面了。

访谈者：您花了 700 个小时攻关这些机器，很惊人啊，是很特别和难忘的体验吧？

拉里·罗伯茨：做这个很困难，因为前无古人。那时候大多数人做这种研究时使用的都是 IBM（国际商业机器公司）大型批处理计算机。

我是非常了解计算机的构造的，为了让 TX-0 更好用，我对它做了一点改装，在机器上安装了一个驱动器。过去大家用穿孔纸带①在 IBM 机型上工作是非常痛苦的。现在好了，改装后的 TX-0 机器用起来顺畅极了。

此后我加入大名鼎鼎的林肯实验室，当时我只是个本科生，而同期的林肯实验室的成员主要是硕士研究生。后来我的硕士论文就是在林肯实验室完成的。再后来博士论文也在这里完成，同时我还管理着团队。

为了写我的研究生论文，我必须先做软件，那时候用的是 TX-2 机。

访谈者：可以多说说 TX-2 机吗？

拉里·罗伯茨：TX-2 机是 PDP-10②机型的前身，被置于林肯实验室的地下室。这种机器简直比安置它的房子还大，因为它不断接入其他设备，向着四个方向持续扩张。它就像是聚集各种设备的隔间，我指的设备是晶体管，

---

① 穿孔纸带，是利用打孔技术在纸带上打上一系列有规律的孔点，以适应机器的读取和操作，加快工作速度，提升工作效率。是早期向计算机输入信息的载体。
② PDP-10，美国 DEC 公司（美国数字设备公司，Digtal Equipment Corporation）所研发的 PDP 系列大型计算机产品之一，架构大体上沿用自 PDP-6，后继机种为 PDP-11。

第一代磁心存储器。

TX-2机以6微秒为一个计算周期，当然，用今天的标准去看它的速度是慢的。即使如此，当我和伊万·萨瑟兰①装配好它时，其功能也强大到足以做虚拟现实。

现在回想起来都会觉得难以置信，在那种机器水平下，我们能够用机器语言来编程。当时的条件可以用"糟糕"来形容，各种系统也只能自建，操作系统、编译程序、汇编程序等。所以我为这个系统建了很齐全的配置，分时系统、编译程序、汇编程序等都建了。

我们行动起来后发现，使用它演示3D（三维）的效果也很流畅。工作室的同事们还给我讲解怎么修计算机，他们告诉我穿孔板和电镀板就是时下的万能工具。这个万能工具穿孔板，是指用穿孔纸带来让机器阅读指令。后来我又根据需求增添了一些其他设备。

我把TX-2用得很好，因为除了我之外别人都不会使用。

当时，林肯实验室的主管卫斯理·克拉克（Wesley

---

① 伊万·萨瑟兰（Ivan Sutherland），美国计算机科学家，"计算机图形学之父"和"虚拟现实之父"，1988年图灵奖获得者。伊万·萨瑟兰发明的电脑程序"画板"是人们"曾经编写过的程序中最重要的一份程序"。

Clark）在带领团队研究猫的大脑，想测量猫的智力，然后和人工智能进行比较。因为林肯实验室不支持他们做动物实验，所以他们决定离开林肯实验室，去了华盛顿大学。这些人走了以后，由于没有领导，TX-2 的管理留下一片空白。我当时只是一位普通的工作人员，后来就由我管理所有跟 TX-2 相关的工作。

我当时已经写了所有跟 TX-2 相关的软件，从头开始构建了一个完整的操作系统。其他人还逐渐制作了用来运行磁带驱动器的所有工具，这些工具还能用来运行设备的所有部件，并管理代码的汇编和编译。

所以当时所有人都在为此工作，想要使用 TX-2 就都需要找我报批。比如，弗兰克·哈特[1]当时正在和BBN[2]一

---

[1] 弗兰克·哈特（Frank Heart），美国计算机科学家，1947 年进入麻省理工学院攻读电力工程，毕业后参加"旋风"电脑研制工程。在林肯实验室工作了 15 年，1967 年加入 BBN 公司，哈特带领的小组制造出了世界上第一台接口信息处理机（IMP）。他为 BBN 工作了 28 年，1995 年退休。

[2] BBN，Bolt，Beranek and Newman 公司的简称，是一家位于美国马萨诸塞州的高科技公司，建立于 1948 年，由麻省理工学院教授利奥·贝拉尼克（Leo Beranek）、理查德·博尔特（Richard Bolt）与其学生罗伯特·纽曼（Robert Newman）共同创建。因为取得美国高级研究计划局的合约，它曾经参与阿帕网与互联网的最初研发。现为雷神公司的子公司。

起合作语音研究，他想要用计算机做语音研究的话就要找我来批准使用。实验室管理层的人告诉我，不要担心 TX-2 没有主管，我就负责这一块儿的管理。

林肯实验室资助的 TX-2 研究非常先进。当然，这是在利克莱德建立的良好基础之上，他曾经是信息处理技术办公室的主任。还有本尼博士也发挥了了不起的作用，给予了很多帮助。再后来就是我在为林肯实验室运行 TX-2 这个项目。

后来林肯实验室开发了 SAGE（赛其）系统，SAGE 系统需要大量的计算。所以那里有很多计算方面的专业人士，包括开发 TX-0 的人，TX-0 后来发展成了 PDP-1，他们又开发了 TX-2，后为 PDP-10，应该先是 PDP-6，然后是 PDP-10。

还有一个跟 TX-2 相关的研究，就是扬声器的发明。当时阿姆斯·博斯希望开发扬声器，他那时创建了一家公司，他们对数据进行频率过滤，举个例子来说，如果想要将音乐放出声来，就需要让声音传出去。那声音会有回声，在墙与墙之间，在各种东西之间，所以有些频率在家里会被强化或减弱。他们就想搞清楚这些，如果是在音乐厅，可以从理论上找到答案，但在家里就很困难。

所以阿姆斯·博斯问我和托马斯能不能解决这个问题。转化是托马斯做的，我不擅长做这个，他用计算机进行了转化，我做了编程，在 AT&T（美国电话电报公司）

的转换器上做了一个物理接口，连接到电话线，从而连接到我俩的家里。他的客厅里有一个火花，另一边有麦克风。

当他开始录音后，就点燃火花，从麦克风传来的信息会通过电话线传到 TX-2。我们进行处理后输入 TX-2，提前转换，然后为家里各个地方积累了数以千计的空气转化数据。所以我们可以积累一个有效的无噪声声学模式，这就是客厅。这样他可以移动声音了，可以加强家里那些频率和加强音乐厅的频率。这是提高声音质量的重要一步。

这就是阿姆斯·博斯发明扬声器的过程。这个过程也使我熟悉了电话线，知道怎样把它接入计算机中。

所以，林肯实验室在计算方面有着辉煌的历史，这是它跟其他实验室的一个很大的区别。

访谈者：您最开始用计算机研究什么？

拉里·罗伯茨：3D 图像。我应该也是世界上最早进行这类研究的。

当时我的论文主题是 3D 图像。我可以用 3D 展示任何事物，还能让其旋转展示。我还建了林肯权杖（Lincoln Wand），一根超声波 3D 权杖。这个我也会做。

　　第一步我需要把照片输入计算机中。这在当时可是个新鲜事儿，因为从来没有人把照片输入进计算机里。

　　为了做到这一点，我翻遍了麻省理工学院，终于在一个阁楼上发现了一台旧的传真机，它可以扫描，是一个滚筒扫描仪，所以我可以把照片放在滚筒上扫描，然后我把它转换成一种计算机输入设备，并用计算机来读取它里面的照片。就做这些事情的功能而言，TX-2 远远领先于它的时代。

　　做这些事让我非常有成就感，因为这些事是从零开始创造的。我做了整个操作系统和计算机里的一切，对计算机的里里外外都了如指掌。使用计算机的人会使用穿孔纸带，但可能不知道它的硬件构造；在 IBM 有人知道计算机是如何制造出来的，但是不知道它的运行软件。

　　或许也有人和我一样对计算机的里外都掌握，但我不知道这样的人有多少，一个还是一百个。真的很少有人知道如何从零做起，但是我知道计算机是什么、能做什么、我能用它做什么。所以，我知道怎么进行放大，或者改装，或其他任何事情，所以当时我是这个国家唯一一个知道如何做到这些并使之成为现实的人。这也是后来首席研究员①选择我的原因之一。

我的那篇论文②是世界上最早研究 3D 图像的，研究包括但不限于图形识别、固定图形边缘追踪、图像探索等等，是阐述创建一个能以 3D 形态从诸多方向、维度展示的物体的一篇论文。我建立了 3D 展示的虚线展示模式，计算出了如何高效和方便地做射影展示，也许这是业内最早的。

这是历史上首次选行展示。在这之前，还没有哪个人能如此详尽地谈射影几何学及其数学模型。

在后来的升级迭代中，我还做了一个四维矩阵转换。这样的话，当想要从其他视角看时，我用四维就可以实现。现在，人们都在用这个技术，这是 3D 的标准同质数学模型。那篇论文可能是在这一方面被引用最多的论文之一。

---

① 首席研究员（PI），是由一所大学管理的独立研究基金的持有者，也是其资助项目的首席研究员，通常应用在科学领域，如实验室研究或临床试验。这个短语也经常被当作"实验室主任"或"研究组组长"的同义词。虽然这个表达在科学中很常见，但是它被广泛用于对某一研究项目做出最终决定并监督资金和支出的人。此处意为拉里后来被鲍勃·泰勒招募进美国高级研究计划局。
② 指 1966 年发表的"The Lincoln Wand"一文。——编者注

我在论文中还表明了，在此之前关于 3D 的一些理论都是不正确的，想要了解 3D 就必须有立体照片。只要看到一张这种立体照片，你就会很清楚 3D 是什么样的，就会了解整个过程。但人们当时正在谈论的是各种奇怪的干瘪的概念。

其实道理很简单，物体飘浮在空中，它是以引力为基础的，研究的人只要注意到引力，就几乎是在正确的研究道路上了。

随后我又做了显示器，我们在大机器上有一台显示器，那是我设计的，通过它我可以看到运动中的 3D 物体，还可以旋转。

我构建了操作系统，在插接板上写命令，加载在纸带上。在纸带上，我编写了构建采样器和编译器的命令，以及操作系统，它实际上是一个分时系统，因为这就是我想要的。

我在显示屏的四个角上放了四个传感器，将林肯权杖随意摆在显示屏上的任何地方，通过它们之间的超声波脉动，我可以看到权杖在 3D 空间中的准确位置。所以，这个权杖能让我对其进行 3D 定位。当时的这个显示器有一点重，现在在计算机博物馆里还能看到它。

我们将几个传感器放到头戴式头盔上，当戴上头盔转头时，你能看到视野中的任何物体。从这一点看，你可以移动物体到任何你想去的位置，你可以用那个权杖移动它们。伊万造了一个悬挂装置，从天花板上挂着头戴式头盔的装置，现在也在计算机博物馆里。那个东西很大，有点像达摩克利斯之剑，因为它很重，就放下来吊着相机。

当时计算机的显示是黑白的，因为显示器没有灰度。我的图片倒是有灰度，但是显示得很慢。不过，这个显示器的黑白显示效果也很不错，移动中观看到的实时显示效果很顺畅，不过是用单眼观看的，我们在这个实验中没有尝试和实践双眼。不过，戴着头盔让我能管窥到另一个世界，也启发和影响了我写论文的思路。

人们现在可能以为，虚拟现实只是发生在最近的 5 年或 10 年内。但其实早在 20 世纪 60 年代我们就已经做了，这真的是超越时代，做出这个的时候实在是太早了，早到我甚至认定这对我来说是一个死胡同。因为差不多 20 年后，这样的装置才能便宜到足以让普通人使用。我拥有足够的昂贵设备，但很少有人能在他们自己的实验室里做到这一点，因为设备实在是太贵了。

除了 3D 图像之外，那时我还研究神经网络。当时我做出了世界第一代神经网络项目，能够识别手写字，在大四的时候我发表了一篇这方面的论文，当然只是一篇论文而已。

我论文中记述的这些成就，或许并不太被外界认可是世界第一代神经网络项目，但是当时我们的确是朝着人工智能这个目标去做的。

访谈者：听起来很有意思，为什么没深入下去呢？

拉里·罗伯茨：当时，麻省理工学院的人工智能团队认为，人工智能这个领域并不是科研主攻的方向之一。（轻笑）这虽然不是他们想要的，但是我很想去做。

这种研究在现在是一种时尚，而且非常普遍，但在那个年代是非常罕见的。

当时麻省理工学院的马文·明斯基①开设了一个强大的人工智能项目。他在推动人工智能的发展，但我对此并不是很了解。我的论文发了以后，马文·明斯基和麦卡锡认为那是愚蠢的，他们主张机器应该使用算法，而不是神经网络学习。我看到别人提出的神经网络学习思路

---

① 马文·明斯基（Marvin Lee Minsky），1927年出生，数学家，计算机科学家，人工智能先驱。1956年，明斯基与麦卡锡、香农等人一起发起并组织了达特茅斯会议，提出"人工智能"概念。他是人工智能领域首位图灵奖获得者，也是世界上第一个人工智能实验室——麻省理工学院人工智能实验室的联合创始人。于2016年逝世。

之后，尝试一下，并为此编写了一个程序，应用到 TX-0 上，效果非常好。

后来我公布了这个程序，然而实际上没有人注意到它。现在每个人都在为人工智能做这种程序，但我当时就做到了。大四结束的时候，我就放弃了这个方向，开始在林肯实验室用 TX-2 工作，转向计算机和计算机编程方向。

访谈者：从人工智能转到计算机，方向转变还是挺大的吧？

拉里·罗伯茨：可以这么说。因为写论文需要很多照片，我就拍摄了很多博物馆的艺术品照片。人们想研究它们是否总是具有色强和颜色柱状图的某些特征，于是我用自己拍摄的所有照片做了实验，并将论文题目定为"降低视频传输或图片传输的带宽消耗"。这是我第一次在硬件上实施带宽缩减，因为当时软盘都是编译器做成的。后来我还用这些照片来做我的博士论文。

我做的第一件事就是看照片是否可以压缩，以便发送的时候图片能够小一些。

我决定要做的是构建一个伪随机数发生器，它非常小，而且可以有效地生成伪随机数，大概有四到六位。当你记录照片时，它会增加强度级别，生成基本级别。所以如果你只记录三位信息，那么第三位就会来回晃动。但是我在伪随机数中加了其他位，因此所有的边缘都模糊了，这样不会有像在普通照片中那样的边界，一会儿两位，一会儿三位，而且有边缘。有边缘就不好了，所以我用伪随机噪声抹去了它们。

当在计算机上使用这样处理过的图片时，我再次运行相同的伪随机数发生器，并让能量不平稳，摆脱了额外的能量。结果得到的描述看起来是一个私有代码，而不是三位代码。这是非常高品质的画面。

这项发明给麻省理工学院和我自己申请到了专利。对政府来说它是可以免费使用的，政府将它用于处理从月球上拍到的照片，因此我去了位于艾奥瓦州的承包商那里帮助他们制造硬件。

因为当时必须得用触发电路，所以它不是一个可以运行程序的集成电路，而只是进行位数管理和伪随机序列的直接硬件。政府曾经将它发送到月球，他们记录了所有照片并将其发回，这就是他们处理月球图片的方法。他们没有获得专利许可证，所以在那 20 年里，有 17 年都没人将我的这项发明作为专利使用。但它仍然是人们可以使用的强大技术，即使它是六位或七位，也能改善工作。

那时候关于图像压缩人们有很多的发明，但是这些发明使用起来太昂贵了，所以需要一种廉价的图像处理的硬件，我的发明便是当时唯一的选择。随着时间的推移，人们不断发明出更好的压缩工具。我后来没有停留在那个领域，转向计算机和互联网了。

有趣的是，我都不知道我发明的这项技术现在被称为罗伯特交叉算子（Roberts Cross），它成了这种图像处理技术的标准。

我没有意识到它还被命名了，直到很久以后与人交谈时，才知道它已经出现在所有教科书中。还有一次我在一个颁奖大会上遇到了一个人，他走过来说他想和我握手并打个招呼。我说，好吧，你是想谈论互联网？他说，不，他是想讨论下图片压缩，就是罗伯特交叉算子和图像管理。我压根没有意识到人们已经通过教科书来学习它了。

访谈者：您没在这个领域继续下去挺可惜的，不过当然，如果您不改行，就不会创建阿帕网了。

拉里·罗伯茨：我研究 3D 图像显示的时候，麻省理工学院里研究人工智能的明斯基跟我谈到，希望我能将一部分图片给他看看。

这个事情听起来好像很容易，但是要想真正做到，难如登天。当时的情况是这样的，我在 TX-2 机器上连接了一台旧式传真驱动器，用来读写图片。这个功能是我最需要的，因为我如果能做好 3D 图像识别，也就能写好博士论文。明斯基希望拿到我拍摄的大量的艺术图像，他想研究如何处理这些图像。

但是这太困难了，我没有办法把图片给到他，因为 TX-2 机器与其他机器之间是彼此独立的，两台机器之间没有连接。即使它是 PDP-10 的前身，但是就架构的兼容性而言，它仍然是一台不同的机器。如果打算以数字形式保存图片，就必须移动数据，这就要求我们必须拥有磁带或磁盘，或两者之间兼容的东西。

现在说起这些介质感觉很容易，但在当时完全不是。我得为 IBM 磁带驱动器建一个界面，然后放入该驱动器，为它刻写一份磁带，这样才能读取。否则即使我们拥有唯一能兼容的媒介，也要通过线路传输数据，因为我们没有任何其他的通信技术。

后来我为 IBM 磁带驱动器构建了一个接口，并将我的照片写在 IBM 磁带驱动器上，然后再发给明斯基。这些照片用了几个月的时间才传到他那儿，成本也很高。这让人想到，随着世界上出现越来越多的计算机，这个问题会变得越来越严重。我意识到将计算机连接在一起并构建某种网络是多么的重要。

访谈者： 您毕业以后就留在林肯实验室了吧？

拉里·罗伯茨： 是的，1963 年博士毕业后，我还是在林肯实验室工作。从本科加入实验室开始，我是实验室一以贯之的雇员，一直是作为工作人员领工资的。直到我去华盛顿加入美国高级研究计划局之前，我都在这里。

在林肯实验室，他们只是将我称为一名员工。我是指，他们并不向我指派很多任务。事实上，有一次我问林肯实验室的领导："现在我在管理整个团队，可以让我成为主任（manager）吗？"我得到的回答是："不，你很不错，干好工作吧，不要东想西想。"（笑）做员工也很不错。

访谈者： 您第一次接触联网的概念，是什么时候？

拉里·罗伯茨： 1964 年，在弗吉尼亚州参加一个会议的时候，我遇见了利克莱德。当时的会面还挺偶然的，因为那只是我参加过的许多技术会议中的其中一场。

会议间隙我们都闲坐着，就一块儿聊天。利克莱德和我谈到了他的一个构想，就是说未来的计算机和计算机互联是什么景象，我们从当下出发应该向着哪个方向去，下一步需要做些什么。

利克莱德谈到了他的观点，即我们需要在所有计算机之间建立一个网络。他在文章中提出了"星际计算机网络"

的想法，问题在于，他是一名行为科学家，并不知道如何做具体的工作，但他认为以某种方式将计算机连接起来很重要。所以他只谈到了能够访问许多计算机并分享知识所具有的潜在优势。

我跟利克莱德聊了以后，立刻判断出，如果真的能达成计算机连接的目标，那么就能解决我和明斯基想要交流但图片无法传递的难题。事实上很多人都遇到过类似的问题。如果我们没有一个机器间互联的网络的话，一个人在一台计算机上所做的所有工作，就处于与他人隔绝的状态。

最后我接手这项任务，把它当成一种挑战。一方面，我一直都坚持做能达到世界第一的事情，比如图像压缩我是世界上第一个做的，比我同时代的研究领先了 20 年。此外，后来热火朝天的 3D 显示、虚拟现实这些，我也是世界上最早做的。不过，从我当时研究这些到后来这些成为大热门，时间相隔正好 50 年。做那些研究的时候我就想这些东西变得流行可能要花很久，没想到有半个世纪之久。

另一方面呢，我也不想再继续研究图像了，因为技术卖不出去，计算机太贵了，很少有人能用得起。我研究图像所用的计算机是个超级庞然大物，比其他任何人用的计算机都大。

因此，我下定决心，要去挑战计算机联网，这才是正确的研究领域——我可以在其中去挑战前所未有的创新。

访谈者：听说您很早就把两台机器联成一个网络了？

拉里·罗伯茨：利克莱德离任美国高级研究计划局以后，伊万·萨瑟兰继任。伊万是我在麻省理工学院结交的朋友之一，我之前也与他共过事。他给了我一个合同，是关于研究我提出的如何将两台机器联成一个网络的想法的雏形。我负责编程，与美国西海岸某团队的一台计算机联网。我最后了解到，从根本上讲，我用作拨号网络的电话网络，就用于数据通信而言，是没有前途的。

首先，计算机打爆了全体用时的 1/15，而剩余的时间，计算机又是闲置的，以至于我们在拨号线上浪费了 14/15 的时间。其次，速度配置低，要连上耗时又很长，什么都慢。

1964 年，我当年在麻省理工学院的室友，伦纳德·克兰罗克[1]，写了一本关于如何创建网络的书。我这里所说的网络，特指用上了拓扑理论和列队理论的那种。

---

① 伦纳德·克兰罗克（Leonard Kleinrock），1934 年出生，美国工程师和计算机科学家，加州大学洛杉矶分校工程与应用科学学院计算机科学教授。列队理论早期研究者之一，奠定了分组交换基础，也是公认的"互联网之父"之一。2012 年入选国际互联网名人堂。

伦纳德·克兰罗克是世界级研究列队理论的专家。他指出，如果你缓冲所有的包[1]，即你给存储器所能做的设一个限，那么，就不会丢失所有的这些包。你得在存储器中排队所有的包，在你使用它们前不得丢失。这其实是你能存储多少、频率应该是多少的问题。所以，列队理论指出那个缓存应该建多大。这就是克兰罗克创新提出的理论所要解决的问题。

他的列队理论是一种论证缓存应该有多大的数学模型。我们都知道列队理论，也知道包，换句话说，你不会将一个文件作为一个文件发送，你会以一条又一条的方式来发送它，然后，你会来核对它。

我在两台计算机之间的第一次实验中做的第一件事，就是决定包的长度，这个包可以通过电话网络发送。作业时有来自附近中继转播产生的巨大数据噪声，所以会有区间误差，区间误差甚至会毁掉包。它们不是比特误差率，而是包误差率，因此影响很大。当区间误差出现时，

---

[1] 包（packet），分组交换技术会将用户要传送的数据按照一定长度分割成若干个数据段，这些数据段被叫作"包"（或称"分组"）。——编者注

包就被毁了。所以，你不会想要一个太大的包。于是，我在那个实验中弄清了我们应该使用多大尺寸的包。那时，大约是 1000 字节。

我自己在林肯实验室里做实验，去测算数据。教授们只看我的论文，他们不会太留意这个，偶尔他们也会问一下。克劳德·香农算一个，彼得·埃利亚斯算一个，费德尔也算一个。他们是我的三位导师，但是他们不介入细节问题。我干着活，有问题就跟克兰罗克讨论，我也跟伊万交流，这两位是我能与之探讨的人。

伦纳德·克兰罗克的研究给了我信心，事实上他的研究方向是对的，我自己也开始在心里筹谋着手去做的计划，按照他的研究理论，我也能创建一个网络。同时，我并不想到美国高级研究计划局做事，但是伊万想让我去，利克莱德也坚持让我去。他们在背地里商量好了，想让我过去工作，继任下一任信息处理技术办公室的主任。但我不想进入这种官僚机构，我沉浸在科学研究中，乐趣无穷。我本来研究做得很好，管理事务对于我来说是件头痛的事，因为我不能亲自搞科研了。

访谈者：你一直说去美国高级研究计划局是"被骗去"的，这究竟是怎么回事呢？

拉里·罗伯茨：伊万卸任之后，他的继任者鲍勃·泰勒也竭力让我加入。问题是，我并不想进入管理层，只研究计算机就已经乐趣无穷了。为什么说我加入美国高级研究计划局是"被骗去"的呢？因为我已经明确拒绝了伊万 5 次，整整 5 次，对鲍勃·泰勒也讲了好几次。

但是后来鲍勃·泰勒找到了查尔斯·赫兹菲尔德[①]，跟他说务必把我搞到美国高级研究计划局去，这样他们想做的网络搭建才能成真。赫兹菲尔德说"好"，就给林肯实验室的领导打电话说，"你们就让罗伯茨屈尊到美国高级研究计划局去吧，我们管理着你们全部业务的 51% 的资金呢"。林肯实验室的领导就劝我，向我担保这个工作非常好，他说，如果我真的不喜欢，任何时候我都能回到这里，他们会一直为我保留职位，直到我在新岗位上安顿下来，不过这个新工作岗位对我的职业生涯肯定是有益的。就这样我被说服了。

访谈者：幸亏您去了。去了美国高级研究计划局之后您其实还是挺开心的吧，发明了阿帕网，改变了人们的生活。

---

① 查尔斯·赫兹菲尔德（Charles Herzfeld），1965 年至 1967 年美国高级研究计划局局长。

拉里·罗伯茨：事实上，美国高级研究计划局的工作相当有价值，我的个人价值也能在这里得到很好的体现，因为我能够跟上每个人干的每件事，然后选出这里最佳的研究方向。这就是我的工作职责所在，听起来更像风险投资。

我是 1966 年的年尾到的美国高级研究计划局，1967 年正式开始主持工作。在 1967 年的年中，我们举行了一次会议，当时美国高级研究计划局项目的所有首席研究员都来了。这些项目签的都是为期约 30 年的合同。

在会上我讲了建立网络互联的目标，分派给不同的项目小组不同的物料和细分目标，这其中有的人不喜欢这样做，不过最终还是接受了。

人们会以为，研究这种全世界最新、最前沿的技术应该会得到很多科研人员的支持，然而现实是这些大学里的科研人员对此并不感冒，他们不想为了别人的什么目标而浪费自己沉浸在计算机研发中的时光。但是呢，他们最终还是同意了，因为我是他们的"老板"，投资人才是兴趣的"老大"。

当时我只恨自己分身乏术，因为我有各种会面、制定蓝图、设计网络等工作。总体来说，设计那个网络花了好几年时间，因为没有人对拓扑学研究很深。另外，可以想得到，有太多东西我们还不了解。

我在这个项目上花的时间太多了，无法统计。从1967年到美国高级研究计划局主持工作以后，到大约1972年，我一直都在研究这些。截至1972年，我已经完成了拓扑设计的优化，还完成了科研步骤，在论文中写其有何效果和它如何运作的整体构想。但是，我花在攻关拓扑以优化成本费用上的时间尤其多。因为，你得盯着所有线路的割集，弄清一个横截面上的流量，看一看从A机到B机你能接受多少数据。然后，你得计算出每一个用户将发送多少、到哪个地方的矩阵，最后，你才能弄明白这个网络应该是什么样的。

我一边干一边展望，想象着它建成后的模样。进展到RFP（项目需求建议书），需要有人来做计算机这一部分时，我最终选择了BBN公司。我还选择了伦纳德·克兰罗克当时所在的加州大学洛杉矶分校，来负责网络测量中心。并且，我拉入当时美国高级研究计划局项目资助的所有大学，共同负责计算机科学研究，也就是让它们成为整个大项目的一个攻关部分。

访谈者：当时美国高级研究计划局提供的待遇如何？

拉里·罗伯茨：在美国高级研究计划局时的收入，我不知道别人的情况，也没法比较，就我个人来说我拿得还挺多的，是公务员名册上薪水最高的人之一。这可能是系统的原因，就好比 PL3-13 的支付标准可能比 G16 标准高很多。不过我的薪水比政府工作人员的平均薪水高出的是一个合理数额，并不是不合理的。

我在工作的时候并没有真正考虑过薪水的问题，因为我的收入一直不错。我记不太清楚这些数字了。不管怎样这不是什么大问题。我只需要能负担在华盛顿的生活费用就可以了。

访谈者：阿帕网为什么叫这个名字？

拉里·罗伯茨：很简单，也没什么原因，因为我们在美国高级研究计划局，我们正在建立一个网络，所以就叫阿帕网了。

美国高级研究计划局是美国军方运营的国防部的一个组成部分，不过它独立运营于一个特殊项目内，由美国高级研究计划局局长监管。所以，美国高级研究计划局并不真的是军方的，整个项目在严格意义上其实也不是军方的一部分，它的预算是在国防部的预算内。

我刚到美国高级研究计划局的时候，一开始没经验，不了解这个预算的概念。鲍勃·泰勒说他申请到了 100 万美元的预算，还只是口头协议，这让他很长一段时间都很痛苦。

后来有些经验了，我就知道每一个项目的预算该怎样申请和尽可能拿到批准。我报的预算申请是 1500 万美元，写了一份关于我的计算项目预算所产生作用的报告。很顺利，联网活动计划呈送国会后，我获批了 1500 万美元。

其实网络省下来的钱比花掉的钱还多，因为它减少了所有项目必须购买的计算机数量。我们在办公室、计算机和通信方面花的钱是省下来的钱的 1/3，因为我们可以用别人的计算机建立网络。

预算充足以后，我没有再到麻省理工学院和其他一些地方找钱。后来我还启动了一些新项目，比如网络语音识别、并行处理等，都是一些国会可以看到的大项目，获得其认可后，我就去申请大笔资金。

客观上讲，当时的计算机科研界对研发阿帕网的兴趣非常小。不过，在阿帕网研发启动后，情况很快就发生了巨变。

访谈者：听说还有个"拉里路线"，是怎么回事？

拉里·罗伯茨：五角大楼里的人总喜欢讲这个故事，其实就是我测量了五角大楼每个地方的距离，来决定走哪条路线最快。那里有五条环形走廊，因为主要高管都在最外圈，外圈是最大的，我不想绕圈才这么做的。我从其中一条走廊进去，无论接下来要进出哪个地方，我都会选择更短的路径，这样我就能以最快的速度到达那个地方。后来他们都用我走的路线，最省时间，所以就叫"拉里路线"。

访谈者：创建阿帕网之后，您还编写了第一个电子邮件系统，是吗？

拉里·罗伯茨：是的。我们历经了很多关卡和困难，1969 年终于组装好了这个网络。1969 年 10 月 29 日，是加州大学洛杉矶分校与斯坦福研究所联网的日期，这是我们第一次建立连接点。突破了这个"0"之后，很快就有了越来越多的连接点。后来我们设计并增加了连接到东海岸乃至全美国的网线，搭建好后连接网络。同时我们在整个系统中安装了各条分支的设备，包括让人们能拨号进入的设备，这样即使在没有计算机的时候人们也能访问到其他地方的计算机，不然这个网络只能算是计算机对计算机的单一网络。

1971 年，我用名叫 TECO 的文本编辑器写了第一个电子邮件程序。这是人类第一个电子邮件程序。有了电子邮件之后，美国高级研究计划局主任史蒂夫·卢卡西克（Steve Lukasik）赞叹说，"天啊，这个电子邮件系统能让我在任何时间与我们全世界的员工沟通，还是实时的，而不是要稍晚些才收到信息"。他就讲这个电子邮件的好处，要美国高级研究计划局里每个人都用一用。后来人们在不同的系统中模仿、拷贝它。当时电子邮件的功能，就已经跟我们今天使用的电子邮件的各种功能是一样的了，可以用它保存信息，还可以排序阅读，保存后再重发以及跟踪。

这个电子邮件系统还被其他团队拷贝使用，比如在做战略性国防和其他项目的团队，还有大学里的科研团队，他们都有 TECO 编辑器，所以可以很轻松地拷贝这个程序，然后就变成了每一个人都拷贝了一份。这个系统简单易懂，每个人用它发电邮。1971 年和 1972 年，电子邮件成了网络上最大的业务，这是当时主流的计算机操作。

人们学会了使用网络之后，也逐渐创建起其他功能。比如马文·明斯基和约翰·麦卡锡这两个人，他们俩曾经形影不离，一起合写论文。麦卡锡搬到斯坦福大学后两人相距得就远了，沟通和交流也不那么方便了，只能借助网络。有趣的是，一开始他俩都对网络这件事不感兴趣，但是现在他们发现网络是很有用的，即使相距较远也可以合写论文，保持交流，因为有了电子邮件系统，你来我往地发邮件就很方便了。

访谈者：关于互联网的起源时间有不同的声音，您的看法是？

拉里 · 罗伯茨：是在 1969 年。

当时克兰罗克做了详细的记录，是 1969 年的 10 月 29 日。当时互联网已经初具雏形了，有两边的终端，分别是斯坦福研究所的计算机和加州大学洛杉矶分校的计算机。我们第一次联网操作，是想要从一台机器上发出 "Login" 命令使其登录到斯坦福研究所的另一台计算机上，但是失败了。然后大家继续努力，终于成功完成了互联。这是世界上第一次有人通过互联网发布信息。

最开始只有两台计算机联网，到 1971 年的时候，互联网的功能已经和今天的互联网基本一致了。也就是说，我们今天所需要的这些互联网功能，当时的互联网已经都具备了，都能做，当时的带宽有 50 千比特每秒，也是很棒的，能够满足我们使用互联网时所必需的带宽。

访谈者：人们并称您和伦纳德 · 克兰罗克、鲍勃 · 卡恩[①]

---

① 鲍勃 · 卡恩（Bob Kahn），1938 年 12 月出生，美国计算机科学家。本名为罗伯特 · 卡恩（Robert E. Kahn），鲍勃 · 卡恩是他的别称。他发明了 TCP（传输控制协议），并与温顿 · 瑟夫一起发明了 IP（互联网络协议），这两个协议成为全世界互联网传输资料所用的最重要的技术。他是公认的 "互联网之父" 之一，2012 年入选国际互联网名人堂。

和温顿·瑟夫[①]为"互联网之父"，您怎么看待您四位各自的贡献？

拉里·罗伯茨：人们称我为"互联网之父"，我很开心，因为我深深地参与其中。

应该这么说，伦纳德·克兰罗克和我发起，鲍勃·卡恩和温顿·瑟夫接棒，我们作为核心人物共同创建了这个网络。

克兰罗克是最开始时奠定了所有理论基础的人。事实上，他在1964年写的那本书[②]里面罗列了列队理论、拓扑问题等，这对我来说是相当重要的背景文献。我据此确认分组交换在理论上是行得通的，不会进行到一半后就卡壳研发不下去了。

我和克兰罗克协作，他设计了网络如何运行的理论，我创建了分组交换，搭建了网络。我们是办公室同事，我

---

① 温顿·瑟夫（Vinton G. Cerf），又译文顿·瑟夫，是公认的"互联网之父"之一，谷歌公司副总裁兼首席互联网专家。互联网基础协议 TCP/IP 和互联网架构的联合设计者之一，互联网奠基人之一。2012年入选国际互联网名人堂。

② 指《列队系统》（*Queueing Systems*）一书，1964年由麦格劳－希尔公司出版。

当然知道他在做什么，所以我相信他的理论型研究，也相信我自己的实践型研发。

后来，鲍勃·卡恩和温顿·瑟夫接手这个项目，他们所做的是在分组交换的基础上持续研发，将它嵌入，并让TCP（传输控制协议）运转起来。事实上，我相信鲍勃·卡恩有能力让分组交换走完美国国防部的流程之后成为一项标准。这样的话，每个人都得购买 TCP/IP 的界面。TCP/IP 成了标准，并推广到全世界。

他们三位致力于 TCP，而我主要发展了分组交换和清理记录的部分，毕竟理论部分人家已经做得很好了。

访谈者：您怎么看未来 50 年互联网发展的前景？

拉里·罗伯茨：必须把重点转移到人工智能部分，然后在安全性上下更多功夫。

我们现在已经做了很多关于运行吞吐和管理流量的工作，所以它可以在 100% 的负荷下运行，而不是 50%。这是一个正在高速运行的网络。我们使用 TCP 的时候效率很低，也存在很多问题，还需要做很多来解决这些问题。

但最终，随着时间的推移，我们还是不得不面对安全问题，因为我们无法容忍安全漏洞。1990 年，当我们刚开始在互联网上试验的时候，如果我想发送一个文字文件，这个文件我能做多大就多大，或者我想做多大就多大，我可以通过电子邮件来发送，因为这些文字文件实际上并没有那么大。今天，我和办公室员工之间沟通文件的日常流量是以千兆字节为单位的，而不是兆字节，所以那时网络上的流量单位就没什么意义了。我的意思是，使用 TCP 的时候，我们必须做很多尝试来驱动它。我们无法在合理的时间内高效使用 TCP，实际上，是我们自己在出力驱动这个系统中的大部分内容。

我们需要做的是让网络更加智能化，而不是限制其运行速度。因为基本上，如果要做 TCP，你必须得到来自世界另一边或网络另一端的每一个数据包的批准。这需要很长时间，因此也就导致了运行速度慢的问题。

访谈者：怎么看人工智能未来的发展？

拉里·罗伯茨：想要发展好人工智能，即便硬件足以支撑，也需要快速计算。

硬件可以让人工智能发展更快，现在这方面有很多的资金支持。但问题在于如何使计算机神经网络发挥作用，使其像大脑一样运转工作，而不是用算法支持运作。计算机现在还有限制，除非你把它打造得足够大，使其容量和我们的大脑一样大，但计算机还不够大，它能做的事情也很有限。所以说在短期内识别目标物体是非常有价值的。

　　还有视觉识别、声音识别和关联反应等问题。比如说，我希望微软可以把所有 Windows 系统里的功能细节放到一个人工智能程序可以识别的数据库里。我可以就任何相关的内容进行提问，不管是通过文字还是声音获得回答，我不在乎。我认为这就是未来的方向，但现在技术做不到，现在没有办法。微软可没有那么多人接电话。

　　虽然你想提问，但他们会收取很多费用。很多软件都有这样的问题，他们不会给你什么有效的指导手册，那些手册又难懂又没用。我试过看完一次那种手册，太复杂了，而且很浪费时间。所以我们必须得解决一个问题，即了解我们所创造的东西，并让人工智能理解它们。这很简单，我们可以做到，比如当我打电话给一家公司却没有接线员的时候，我会被转接到一个录音设备，它应该是人工智能支持的，而且能让我可以找到我需要知道的事情或者是我要做的事情。

　　如今这件事就像开车一样几乎是完全可行的。但现在我们的问题在于它够不够好，就好比汽车会撞车是因为哪里没做好。这是个问题，不过这一点会得到解决的，但目前大家对这个问题的解决思路还不太一致。我们知道到目前为止没有哪个智能机器是低 IQ（智商）的。我的意思是，这基本上是模式识别和针对数据库要解决的事。

访谈者：您认为互联网未来可能遇到什么样的困难？

拉里·罗伯茨：首先，我们会遇到源地址问题，还有路由器问题，也需要改进。我对此拿不太准。我自己也摸索过很多，可能这得由像思科这样的路由达人来解决，将这个难题留给他们吧。

其次，我们需要研发出网络智能，TCP 已是一个非常好的、脚踏实地的协议。问题是，网络需要不断地检查它，关注它，以便它的运转不会是按单个随机包，而是按流量。这样的话，它也知悉任何时刻它的承载量是多少，以及它能妥当处理的承载量，因此，它就能以 100% 的承载量运转，而不是 50%，从而也能实现更高的速度。

目前的问题是，我正在用 TCP 努力穿过这个网络，同时数据不断丢失，不是丢失一个个包，就是遇到一次较长延时。于是，我将速度减半。这使我以更低的速度运行。你处理的所有这些都是独立的包，就无法知道承载量。如果你知道流量，你就知道了它们的速率。你可以将所有这些流量加总，也就知道了下一刻会发生什么。这样，你对世界的看法就完全不同了。目前我正在改进他人的交换技术和列队理论。这是我眼下努力的方向。

访谈者：如果给在互联网界耕耘的后辈年轻人提些建议，您会怎么建议？

拉里·罗伯茨：首要的事情是，瞧一瞧互联网前沿在哪里。我一直在做的，就是找技术的前沿，看看还有哪些东西依然是待解的问题。那个时代的问题就是让分组交换就位，当代的问题是，人们相当普遍地抱怨物联网的无线电通信是一个大问题。无线电到无线电，无线电到货车，货车到货车。还有与此不同的其他很多方面，也受到了抨击。

其中一个问题是，目前研发出来的所有物联网装置都没有适当的安全特征配置。于是，人们总是把他们的盒子（box）装入所有这些小装置中。这给我们造成了巨大损失，现在的网络有很多实时的安全问题，因为有人能够设计出成千上万条，甚至几百万条自动程序，这些程序能够攻击每一台摄影机和每一台视频设备，总之，企业在制造设备时没有像计算机行业那样考虑安全问题的东西。所以，我们有大量的安全工作要做。

我们得持续改进安全设计，因为安全恐慌很容易使人们变得狂躁。某时某刻出现这种问题是很糟糕的。狂躁基本上是由于我提到的因素引起的，即我们不知道是谁在搞怪，安全问题是从哪里来的。

我们也可以做一些互联网方面的工作来改进它。出现的问题之一是，大多数人无法接入互联网，路由器基本上是大公司制造的。这些人不能影响路由器，他们能够影响无线的东西，这就是现在正在发生的事。这也是大多数科研人员可以切入的前沿。他们可以攻关这个问题，多想一想。美国乃至全世界的学生都有在研究这个问题的。事实上，由于他们引用了我的论文，我才知道有这么多人在研究。

访谈者：您去过中国吗？感受如何？

拉里·罗伯茨：我去过中国的首都北京，又从那里去过中国其他城市。有一年一个大型的 IPv6[①] 会议在中国召开，当时我正在销售 Anagran 设备。这趟中国之行，让我和这边的相关人员建立了良好的关系。

但是，我最近没有去过，因为没有一个去的由头。

---

① IPv6，全称为 Internet Protocol Version 6，即互联网协议第六版。IPv6 是国际互联网工程任务组（IETF）设计的用于替代现行版本 IP（IPv4）的下一代 IP。

访谈者：那我们可以邀请您去吗？

拉里·罗伯茨：我想，我得要先干完手上的项目，才会想到多多旅行。

访谈者：在过去 10 年，中国在科技领域里的角色发生了变化。您如何看？

拉里·罗伯茨：现在看中国，发展得真是太快了，方方面面成就都很大。事实上，我在浏览论文时所看到的是，现在中国的互联网专家已经跟上了美国的变化，而且在很多领域都做到了领先。所以，我想说，中国做得极棒。

事实上，中国运用网络的方式和途径比美国更多，网民可以通过互联网享受到市面上已有的各种服务，这其中能看到，中国人对网购的使用是非常普遍的。中国人民是新兴的受到互联网普惠的人民，当科学技术渐入佳境的时候，他们似乎要比已经沉浸其中很久的人接受得更快。

访谈者：可以请您给我们的"互联网口述历史"项目写句话吗？

拉里·罗伯茨：当然。

访谈者：谢谢。

第二次访谈

访 谈 者：方兴东、Lu Jicun
访谈地点：美国加利福尼亚州
访谈时间：2018年4月22日

访谈者：第一次访谈时您和我们说了很多有趣的故事，比如您 12 岁就自己造出了一台电视机，可以再多说说您的童年吗？

拉里·罗伯茨：我小时候鼓捣着造了很多东西，收音机、发报机，还有很多其他小机器。我的玩具和一般小孩的不一样。我就喜欢自己动手鼓捣些没玩儿过的东西，总是想办法去做这些，自己找材料，再借一些设备，然后试着将很多实验设备组合在一起，这样我就有一套独一无二的设备。所以，在我上学以前，就已经了解了大部分的电子学知识。

访谈者：您这么厉害，那一起玩儿的小伙伴多不多？

拉里·罗伯茨：我从小就不喜欢和别人玩儿，也不喜欢花很多时间和朋友相处。我喜欢独处，喜欢专注于自己在做的事情上。小时候我只和邻居家的一个男孩在附近的树林里玩一玩，也就仅此而已。

访谈者：那您自己都做些什么呢？

拉里·罗伯茨：上学了以后，我特别喜欢科学课，但学校开设的主要都是阅读、写作和算术之类的课程，没有什么科学课。我就自己在家里鼓捣，父亲的书就是我的老师，我有什么想要弄明白的就去翻书。因为工作的关系，我父亲有特别多的书，家里化学材料也特别多，远远超过一般家庭所拥有的。因为父亲在实验室工作，我还能接触到大量的化学用品。

我做任何事，父亲都很鼓励我，也没有要求我必须去接受哪些知识。不过，他把家里所有的化学用品都藏起来了，因为我当时年纪还小，他怕我乱动。但是最后还是被我找到了，因为我想要制造炸药。我小学一年级的时候就鼓捣出了炸药，而且还把炸药带到学校里面去了，但是它并没有"爆炸"成功。一个是因为学校的校舍是非常坚固的，另一个是因为炸药本身制作得就不成功，我操作的炸药爆炸温度不对，后来我改进了。我鼓捣炸药这些事情父亲都不知道，不过后来我告诉他了。

我还自己做手枪，最开始是做了一把气枪，后来我对它进行改装加固，还安装了 22 口径子弹，这样就能用来射击了。我给手枪安装了一个电子眼，当电子眼检测到土拨鼠活动时，我就用手枪对准电子眼检测到的鼠洞，如果土拨鼠钻出来，它就会被枪杀，可惜我没有击中过。这方法不管用，因为手枪精准度不够，土拨鼠能避开陷阱。

我还做过一个滑梯。我家屋外有一棵大橡树，我用一个大箱子当滑座，然后用石块和滑车来上下拉动滑座，这样我就可以在大树上上下滑动了。但是有一天在玩滑梯的时候，由于我没掌握好平衡，连人带箱子摔到地上，摔伤了后背，不得不住院。所以六年级对我而言就是空窗时间了，那时我在养伤。但因为我的成绩远远好过同学，养伤对学习课程也没什么太大的影响。

访谈者：听起来太不可思议了。父母也不管您？

拉里·罗伯茨：我要感谢我的父母，他们不但给了我尝试科学的氛围和能力，还帮助我准备动手做实验的材料。他们给我买了工具包，鼓励我按照自己的兴趣去尝试。工具包里面有工具、一些电子零件等，它帮了我很多忙，提醒我必须把那些零件组装在一起。

我父亲把地下室改造成他的工作室，设置了工具墙，有电动研磨机和磨砂机，还有一张大桌子，上面放了很多其他电动工具，他也做木工活。父亲用这些工具来做实验，后来我也用这些工具来做我想做的实验。我俩就一起动手另做了一张大桌子，专门用来做我的实验，化学的、电子学的、机械方面的实验。

父亲会把他平时没用上的旧零件都收集起来，所以地下室里有很多零件，这些零件可以被我用来修理物件，或者是做一些新东西。他鼓励我做好零件收集的工作，这样便于之后的制造。不得不说，在工具作业方面，我家地下室的配置是一流的。

我自己造了一些零件，比如特斯拉线圈①和感应加热器②。一开始，我尝试着在烹饪时使用感应加热器，从而了解这东西是怎么发挥作用的，反正我尝试了很多方法去了解它。

令我印象很深刻的尝试是一次感应加热实验。父亲从他的实验室带回了一些剩下的大电容器，我们就一起做了一个感应加热实验：如果我们将它们与线圈耦合，调到

① 特斯拉线圈，是一种使用共振原理运作的变压器，由尼古拉·特斯拉于 1891 年发明。
② 感应加热器，简称感应器，是一种电感线圈，它能通过合理分布感应磁场来满足各种加热工艺的感应需求，是实现各类感应加热工艺的关键部件，也是必须部件。

60个感应圈，那么我们就有60个感应圈的振荡回路来进行感应加热。然后我把这个装置放在我桌子的下面，这样就可以用它提供的热能在桌子上做饭。

我受过很好的实验安全教育，包括如何正确使用实验工具和其他应该注意的事项，都是我父亲教我的，所以一般来说我做实验不存在什么安全问题。要是特别危险的话，父亲一般都会在旁边看着我、保护我。像特斯拉线圈实验这种的其实不会太危险，它可能会让一个燃烧器冒火花，但也仅此而已，不会对人造成致命伤害。

现在回想起来，小时候我父亲对我的教育都是鼓励型的"放养"，从不反对我鼓捣着玩什么，包括我造了家里的第一台电视机。

访谈者：一个十二三岁的小男孩自造了一台电视机出来，还是最小的儿子发明的，在邻居间和家里是不是很轰动？

拉里·罗伯茨：实际上并没有。我家当时住的地方周围比较空旷，没太多邻居，家里人反应也很平常，他们并没有太在意，这对他们来说不算什么大事。我们把电视机放在娱乐室，一个不大不小的黑白电视，孩子们想看就看，我当时看过不少电影，但我父母是从来不看电视的。

后来，上高中时，我在当地的电视维修店找到一份工作。我是那里唯一了解晶体管的人，所以我不得不承担起所有与晶体管相关的修理工作。但后来我感觉这些内容都很类似，比如电子管和电视机，所以我也逐渐负责修理坏了的电视机。

访谈者： 您刚才说自己家没有什么邻居？

拉里·罗伯茨： 是的，我家住的村子距离城镇有一段距离，大约两三英里①。要进城的话，走着有些远，骑自行车也费力，我们就会坐公共汽车去，或者父母开车带我们去。进城一趟有些麻烦，所以大多数时间我们都生活在乡村。也正因为如此，我在乡下度过了很多美好的时光。

我家的院子当时占地 10 英亩②，周围没什么人。家附近有一条河，叫查尔斯河，有很多支流。我能串门找着一起玩儿的小伙伴有几个，但真的不算多。我们一起去河边玩耍，每条支流我们都跑过去探索一番。我们还去附近的

---

① 1 英里约合 1.6 千米。——编者注
② 1 英亩等于 4840 平方码，合 4046.86 平方米。——编者注

树林里玩，跑来跑去的。

父亲公司里的一个负责人有个养鸡场。农场里有母鸡，我会去喂鸡，然后等鸡生蛋以后把鸡蛋拿到市场上去卖掉，最后把鸡也卖掉，生意还不错，我赚到了钱。

访谈者：听起来您的童年很有趣，上学以后呢？

拉里·罗伯茨：我一直在西港小镇上读书，学习成绩一向很好。但小时候我对英语和写作不太感兴趣，不过这只是我的主观感受，我也没有真正投入地去学过。因为我的成绩特别好，所以学校让我提前学习大学课程，包括写作、阅读。后来我学得非常好，因为来兴趣了。

以前我对写作和阅读都不感兴趣，后来学习到写作能够帮助我去真正地表达一些新东西，这就改变了这些课程在我心目中的地位。虽然它们从来都不是我最大的兴趣，但我也非常擅长，后来我写的文章还在全国比赛中获了奖。

我在文体活动上的成绩也都很好。我乐器也学得很好，演奏过好几年的长号，后来上大学就放弃了，但是我拿过很好的成绩，在长号比赛上拿过第二名。因为会长号，我去了音乐夏令营，还被邀请加入当地的交响乐团。在我家邻近的城镇上有一个交响乐团，乐团会进行一些商业演出，我高中时在这个乐团待了挺长时间。

我步枪射击也很好，即使我对步枪并不是特别感兴趣。虽然我小的时候就玩过自制枪，但是学校的大型重型步枪比我的轻型 22 步枪更难掌握。但步枪射击是我在学校的选修课之一，我就想要做好，想做好就要多加练习。后来在全州射击比赛上我拿了第二名。

访谈者：您上学以后还喜欢鼓捣那些实验吗？

拉里·罗伯茨：依然喜欢，也不怎么害怕受伤。上中学时，我做实验受过两次伤，让我印象很深刻。一次是七年级的时候，我因为学习能力优越得以进入科学班学习，一直到高中毕业我都参加了这门科学课。老师们都很欣赏我，我有很多特长，他们也注意因材施教。有一次做实验，我要把一根玻璃棒插进一个瓶塞，但是玻璃棒断了，一头还插进我的手掌里。当时大伙都吓坏了。

还有一次事故是在做化学实验时发生的，当我混合一些化学物质时，我闻了闻化学试剂，那时它正在流，导致一部分进入了我的肺里。当时我很勇敢，没有太害怕。

我做过一次钠爆炸实验，至今记忆犹新。我父亲曾带了一个很大的钠块回家，我就悄悄地把它拿了出来，准备和小伙伴们一起把它丢进河里。钠的特性是碰到水时会爆炸，所以我们将钠块包裹了很多层纸，然后到我家附近的河边去。

当时正值寒冬，河面已经结冰。我们在冰面上钻了一个洞，把钠块扔进去，然后疯了一样跑回岸边。

当水渗透所有纸张，钠爆炸了。这次爆炸基本上影响了整个查尔斯河，因为爆炸引起了许多连锁反应，炸出了许多大块的碎冰，它们飞溅出去撞上了其他冰块，然后又再次引起爆炸。

当时爆炸大约延绵了一英里，相当惊人，但是它没有对任何东西造成伤害。当时我们找了宽敞的、远离船只的河段，小心翼翼地把钠块扔进去，以免伤及无辜。爆炸的时候我们早就跑远了，然后三四个人屏住呼吸站在岸边观看。

访谈者：您的胆子可真大，从小就展现出了科学家的探险精神。到了大学依旧如此吗？

拉里·罗伯茨：一如既往。

上大学是我第一次住宿舍，刚一住进去我就给我们宿舍改装了电话线，又和同学一起把各个宿舍的都改装了，这样我们就能利用我订的外线来打电话了。我还将它连接

到了麻省理工学院的交换机以及宿舍交换机，这样我们就
能使用学院交换机的外线。

　　通过学院交换机，我们很快学会了如何给专用线路网
打电话。林肯实验室是麻省理工学院的实验室，也是国防
工业的实验室，它与 IBM 有专线联系。因此，当我学习
拨号时，每个可能的扩展拨号，也就是每个三位数或两
位数的号码，我都会检查，看看是否有专线。如果查到
了专线号码，我就找出他们在哪里。我们会打电话给运
营商，找出自己的位置，并画出一个涵盖整个专线网络
的地图。

　　我发现从林肯实验室到 IBM 有两个站点，那是两个不
同的站点，它们之间有一条专线，其中一个在金斯敦。
因此，如果我去了较远的金斯敦，用专线打到另一个站点，
那么运营商会以为我人在金斯敦。这样，运营商会将我与
他们的纽约专线连接，那可是城市线。接着，我就可以打
我父亲在纽约市的电话了。用这个方法，我可以免费给我
父母打电话。这个方法很快就在学生报上发表了，告诉大
家用这种方法可以连接到纽约市的线路，后来因为使用的
人太多，它就被切断了。

　　这个操作听上去好像高深莫测，不过一旦你理解了电
话系统，这就很容易搞定。

我还用这种方法给母亲的工作提供了帮助。我上大学以后，母亲又建立了另一个女童子军营地，他们需要一个电话系统将他们在营地上的所有不同的地点串联起来。为此我做了一个带有晶体管电话交换机的小型电路板，不同营地之间有电线连接，这样他们就可以互相打电话了，效果非常好。

当时营地上有很多工作，我父亲、我和两个姐姐都被母亲招募成志愿者来帮忙。但是很多工作都是体力劳动，我贡献的这个算是"智力发明"。

访谈者：在林肯实验室还有什么有趣的事吗？

拉里·罗伯茨：还有两次实验令我印象很深刻。

一次是和教授一起做的电磁脉冲实验。一位教授想知道他是否可以制造出最大的磁场和脉冲。他收集了大量的大电容器，堆满了一个大房间。然后我制造了一台用于高压电力的大型发电机，配备了从麻省理工学院拿来的大功率管。我认为对所有电容器充电大约需要一万伏电压。这个房间完全被我们制造的电子锁锁着。

因此，当电容器充电时，没有人可以进入房间。当我们打开开关，它们将通过一个单独的环形线圈充分通电，线圈产生了大量的磁能，这就是教授所测量的和想要的。

我和另外两三名学生一起制造了实验所用的所有设备，并为教授进行了测试，同时尽量让它达到最高功率。

　　另一次是我做的磁场飘浮钢球实验。我创造了一个磁场，然后让钢球飘浮在磁场上空的空气中，并使其旋转，这样它就可以具有极高的旋转能量，因为磁场是旋转的。旋转的球是一个不大的小球，但是它以极高的速度旋转，比任何轴承都要快得多，因为它飘浮在空气中，几乎没有摩擦力。

　　访谈者：说说您的老师吧，对您的指导多吗？

　　拉里·罗伯茨：给我们班讲课的老师全都是骨干教授，而且上课时还配有助理教授给我们做指导。当时的授课老师都是各个领域的关键人物，都很值得铭记。现在回想起来，戴维·霍夫曼[①]教授开的课是"霍夫曼编码"，还有一

[①] 戴维·霍夫曼（Dauid A. Huffman），"霍夫曼编码"的发明人，麻省理工学院学者。

个是我论文的导师，指导我写关于克劳德·香农[1]的论文。

我的导师中，伊莱亚斯是主导师，克劳德·香农是导师之一。香农很有意思，他带我到他的家里，向我展示了他独特的自行车和电视，以及其他玩意儿。他在家里玩各种各样的东西。

他们不教我任何东西，我跟他们谈我在做什么，他们只确保我走的是一条正确的博士论文的道路，但这样的论文得有一个被证明正确的理论。我的论文需要有创造性，而且要比那个时代的任何其他东西都更加先进。

麻省理工学院有非常开放的课程体制，如果你觉得没必要做作业，你就可以不做，只要考试合格就行。对我来说，这是个极好的教育政策。因为我很聪明，可以自学，不需要做许多功课。这点让我获益颇多。

学校里有许多计算机设施，这对我想往计算机领域发展产生了十分重要的影响。

---

[1] 克劳德·香农（Claude Shannon），1916 年 4 月 30 日出生，美国数学家，信息论的创始人。1936 年获得密歇根大学学士学位。1940 年在麻省理工学院获得博士学位，1941 年进入贝尔实验室工作。香农提出了信息熵的概念，为信息论和数字通信奠定了基础。于 2001 年 2 月 24 日逝世。

麻省理工学院的氛围对科研是非常友好的，对于新观点也很包容，师生间的交流也很多，能够互促共进。有时候我提出自己的想法，教授们会很支持，对我说："只要你能证明某个理论，你的学术成果就能让你称得上是一位博士生了。"

但事实上，想要达到这种目标，比教授们说的要难得多。比如我写过一篇关于 3D 计算机图形的论文，这篇论文是之后所有相关科研活动的基础。后来我到美国高级研究计划局工作的时候，我写过关于分组无线电（packet radio）管理的论文，我每天都会在论文里加入新的引用，在参考文献里加入新的书名，因为这篇论文是研究电波如何高效传递信息的基石。我那篇研究 3D 计算机图形的论文，对于我后期的研究很有帮助，因为它首次提出了四维变换，而四维变换之后被用于射影研究。当时，要做关于射影几何方面的研究是很难的，我学射影几何的时候，只有古德语的文献，我只能把它们翻译成英语来学习。当时，美国没有射影几何的相关文献，我写了美国第一篇关于射影几何研究的论文。教授们支持我的想法，但是不会插手去帮助我做什么，他们只需要确认我没跑偏，我的学术论文有进展就行了。问题和困难都是要自己去解决的。

因为是本硕连读，所以我不用纠结本科的毕业。在大学四年结束时，我直接进入了第五年，学习真正的硕士课程。

在大一之后，我就不再做常规作业了，因为我的考试成绩足够好。后来我开始着手为毕业论文做实验，教授们会给我建议，告诉我应该对上课和作业更上心。他们让我在场论领域做很多阅读，但那不是我所感兴趣的，那些空间电磁场和电子场的转换对我来说不如直接数字化计算机那么有趣。

这段学习经历让我收获很多，这期间学到的东西，在我进入计算机领域、进入 TX-0 团队，包括做其他研究时，都滋养着我。

1960 年硕士毕业以后，我继续攻读博士学位，1963 年博士毕业。现在一些人要花十年甚至更多的时间攻读博士学位，而我用了三年时间。

访谈者：除了做实验，还有什么事让您记忆深刻？

拉里·罗伯茨：我大学时参加过一个快速阅读课程，听说可以大大提升阅读速度，但是没说提升多少。课程结束后，其他同学的阅读速度提升到每分钟数百个单词，而我的阅读速度达到了每分钟数千单词。

因为我一直在用这样的方法，所以在看书的某一页时，我能够看到页面的全部内容，同时脑子记录整个部分，把看到的所有关键词组合起来，这样便不需要逐字逐句地读。这让我能在一分钟内读两千个单词，所以我读了很多书。但我发现以这样的速度，阅读技术材料还不错，读小说就不好玩了。

现在我都是在线阅读，我不太喜欢拿着纸质书，偶尔坐在餐桌旁时会看纸质书，一般都是在电脑上在线看。除了必须看的技术性的资料之外，其他类型的书我就看得不多了，我太忙了。

大学时我做了不少事，虽然我完成了所有的课程，但实际上我不喜欢电子工程领域的理论部分，比如必须学习如何在空间中使用磁场，必须学习需要微分方程的那些部分。我对微分方程不感兴趣，因为它没让我觉得那么兴奋。但我确实喜欢计算机化的步骤，在这里我知道算法是什么，以及我在做什么。我对创造事物并使其发挥作用非常感兴趣，所以只有当我觉得某个事物有创意时才会对其感兴趣。我做的所有这些事情，都是为了创造，并通过挑战自己来学习。可以说我的母校就是一座桥梁，载负着我走向成功。

访谈者：关于您的大学，还有什么趣事补充吗？

拉里·罗伯茨：没有了。

访谈者：那请讲讲阿帕网通信的关键设备接口信息处理机[①]。

拉里·罗伯茨：1967 年，美国高级研究计划局为阿帕网招标，要求比特公司负责处理器的工作，建立接口信息处理机，项目要求竞标公司必须能设计软件并快速构建它。

韦斯利·克拉克那时建议，从我们前期活动中研发出的功能中分出一个，放入我的实验中，我们将项目所有细节分批输入计算机。

所以，我们没有一台辅助计算机来进行联网操作。不过，他建议将它分出去，这样的话，它就是公用的，且在一台微型计算机（minicomputer）内。那时微型计算机才刚刚出现。

[①] 接口信息处理机（Interface Message Processor，缩写为 IMP）。按照阿帕网的术语把转发节点统称为接口信息处理机。IMP 是一种专用于通信的计算机，有些 IMP 之间直接相连，有些 IMP 之间必须经过其他的 IMP 间接相连。

当时很多参与竞标的机构是不符合我们的标准的，我们有很多标准，但其中最重要的一点是，这个团队能够做得有多好？他们有多快？他们会做好吗？花费多少？

最后的两个竞标者是拉辛公司和 BBN 公司。拉辛公司内部实行一种等级制度，第二级有很多人，第三级有更多人，这是一种非常垂直的组织层次结构。让人担心的是，承担像阿帕网这样的大项目，拉辛公司如此多而不同的团队在熟悉度和匹配度上会不会不够。后来 BBN 公司推荐弗兰克 · 哈特和他的扁平化团队，我更喜欢这个结构。

这次竞标的胜利者是 BBN 公司，人们认为我选它是因为我认识弗兰克，但根本不是这样。其实一部分原因是因为这个团队的报价比其他团队的报价要好得多，另一部分原因是鲍勃 · 卡恩在弗兰克团队中做了很多工作，这个团队还有很多其他杰出的成员，我了解他们的能力。后来弗兰克 · 哈特团队用了不到 9 个月的时间就完成了工作任务，快得惊人。我必须这么做，因为我是美国高级研究计划局的负责人，我要确保中标者第一能了解和赞同我的计划，第二能高效执行，这是我选择中标团队的标准。

在我看来，完成这个任务的关键要素首先就是找到有相关知识的人才，让他们帮我实现我的想法。这就和运营新公司一样。因为是政府出资，所以我没有任何股权，但是我必须要对自己的想法有信心，不是要懂得所有的相关知识才能做好这件事，要坚信自己的想法。

再一个，想要任务成功的话，得有一个网络标准，一个为大家所认可的协议。从根本上说，是需要找到一个机制，即不仅要在技术层面上做主，也要搭建让其他人可以和网络交互的平台。

访谈者：您如何看待阿帕网的前景？

拉里·罗伯茨：我对阿帕网的发展前景十分乐观，因为它能将所有计算机连接起来，取代声音，取代现有的其他各种数据通信机制，它将是 24 小时全天候在线的，而且存储量大，能够立即通达。

阿帕网问世后，其优越性压倒了当时已有的所有通信方式。电子邮件就展示了这一点。电子邮件问世后，人们发现，它比传统邮件、电话好得多，出乎意料地方便快捷，而且也更经济，便宜得令人难以置信，几乎可以认为它是免费的，因为人们不必为每条信息付费。但是新的问题又来了，原来我们预计到了这一步应该是没什么问题了，事实上因为各种使用不规范又带来了垃圾信息肆意传播、泛滥成灾的问题。

计算机刚问世时造价昂贵，但随着技术发展，它的造价逐渐降低，人们所熟悉的摩尔定律揭示了这个规律。事实上，是我第一个提出了相类似的规律。我刚到五角大楼时，看到有同事正在处理旧计算机 (release computers)，而且这种做法已经持续很久了。于是我记下至今每台计算机成品的成本费用以及其运行速度，并在一张图表上标示出来。这个趋势图趋势显著：每 18 个月，计算机成本都会下降一半。我还为此写了一篇论文。

大约一年后，摩尔定律发表。戈登 · 摩尔是从半导体角度看的，他指出它的成本以每年一半的速度下降。后来，他将周期调整为 18 个月。我在这之前提出 18 个月的规律，只是通过看计算机实际成本的变化得出的。我在五角大楼内部发表这一观点，当时我看到有的同事正在出租他们的计算机，租期相当长，发表该观点是为了向他们展示，他们可以通过得到下一代计算机，实现更快周转，并且节省大笔金钱。

不管怎样，正如我写的论文一样，我坚信自己发现的定律，坚信摩尔定律，认为经济学与电子学发生了联系。我相信随着时间的推移，计算机会越来越便宜，每个人都将拥有一台计算机。我算不出到底会有多少台计算机的具体数字，但是我知道我们会通往手持计算机时代。

20 世纪 70 年代我曾发表过一篇论文，里面讲到了未来计算机将成为一个手持终端，你可以用它上网，因为分组无线电是我的设计之一。我在分组无线电理论上下了大功夫，这篇开创性论文可能是被相关研究引用最多的论文，因为现在每个人都竭力想重新设计和实现包对包无线电波、无线电操作。时隙 ALOHA 协议[1]是我研发的原始技术，确实也成功了。可以说，我介入分组无线电的研究很深。我知道，我们将研发出手机，这是我在自己一篇论文中展现的图景。

访谈者：您很有前瞻性。

拉里·罗伯茨：应该说，是摩尔定律带来了一切。事实上，互联网也按照摩尔定律在发展壮大。现在人们使用的文件越来越大，如果因为文件大就不能传递，怎么能跟上时代的需求？就像现在，同事发过来的测试数据的文件有

---

[1] 时隙 ALOHA 协议（Slotted ALOHA），是 ALOHA 协议的一种。Aloha 是夏威夷人表示致意的问候语，也是 1968 年美国夏威夷大学的一项研究计划的名字。第一个使用无线电广播技术作为通信设施的计算机系统是夏威夷大学的 ALOHA 系统，采用的协议就是 ALOHA 协议，它分为纯 ALOHA 协议（Pure ALOHA）和时隙 ALOHA 协议。——编者注

好几个 GB[①]，我接收以后再接着做分析。这种数据交换现在也很频繁，Google Drive（谷歌公司推出的一项云存储服务）可以帮助人们做到。

这里有一个问题，即我们首先要保证的是网络的速度足够快。从 1969 年开始研究互联网的时候，我就注意到了一个问题，就是互联网会随着时代的发展不断增长、扩容。

于是，当我的计算机变快时，我准备建更大的文件，干更大的活。网络跟上了这一步伐，达到一定水平，现在倒是显得有点停滞了。有一个问题，即使今天 "卡车们"（trucks）运行着 100GB，你通过网络发送文件时对方接收到的却不到 100GB，正是因为 TCP。当然，TCP 是伟大的协议。

但是，TCP 并不在网络中用到任何智能。由它设计的网络中，网络退回这个包（package），就好像网络并不喜欢它。网络也不做任何事来清晰地告知你有多少这样的包，只告知你退回了这个包。这并不是我设计网络的本意。

我以 NCP（网络控制协议）设计出网络，它是人类第

---

① GB，常简写为 G，也叫吉字节、十亿字节等，是一种十进制的信息计量单位。——编者注

一个网络协议，我的设计是让每一个节点都有存储器，在你发送一个包之前网络会检查主题（subject），发回"确认收到"的信息以为下一个包释放空间。这样的话，计算机一直在通知发送者他们能发送多少，最终他们不会超载缓存，计算机再检查每个节点。当包被发送到接收者那里时，包的大小是准确的。这样网络就不必使用 TCP，TCP 那时并不存在，也用不到它。

NCP 其实是我的研究生团队设计的，不过构想是我提出的，我不设计细节。NCP 被设计出来并投入运行是在 1969 年，它的全称为 Network Control Protocol。事实上，是温顿·瑟夫命的名。文特（对温顿·瑟夫的昵称）是斯蒂芬·克罗克主持的委员会中的一人，很熟悉这个项目。但是，在我离开美国高级研究计划局后，文特拍板网络中不再存储任何数据，网络不再有智能，也不能决定你可以拥有多少载入量。

他认为，光纤足够快捷，就像历史上的风云变幻，所以后来是发展了 TCP 这一条思路。TCP/IP 是 1983 年开始被使用的，一直被用到现在。

但 TCP 有一个问题，那就是它的运转有固定的速度。因为你发送一样东西，得等它转一圈回来之后，才能发别的东西。因此，它完全受到距离的影响。我们在 1990 年可以减速，但现在是 2018 年，现在如果要发大文件的话，你只能发 100 兆比特每秒的，这是最大值了。那为什么我们还得在不超过 100 兆比特每秒这个限定下传递信息呢？它这种设定极大地限制了我们传送大文件的速度。我现在正在做的项目就是要解决这个问题，可以把信息传输速度提高到今天的 50 倍。

因为仅仅计算机之间能连接、能访问是远远不够的，从实现连接到线上承载通信量的现实系统，再到变成人人都可以轻松使用的网络，这每一步都是更高阶的攻克，更难，花费的时间也相当长。

访谈者：由于阿帕网的成功，您获得了很多荣誉？

拉里·罗伯茨：是的。1972 年 10 月，在国际计算机通信会议上，我们展示了阿帕网。我当时要做很多协调工作，没有时间，就请鲍勃·卡恩在会议上做大部分展示工作。当时的展示是，把计算机放在会议中心的展示台上，然后我们必须把会议中心的电话线接进去，才能展示如何使用网络远程访问计算机。这次展示取得了巨大成功。

1981 年，我获得爱立信奖。这个奖项和诺贝尔奖的评选机制和颁发流程是一样的，也是由瑞典国家学会和诺贝尔委员会颁发的奖项。

拉里·罗伯茨向"互联网口述历史"项目组展示奖项

　　我想，我在创造互联网方面有几分功劳吧。我们因为创建了互联网而获得了德雷珀奖，这个奖项是美国工程院设置的，它是想要与诺贝尔奖竞争或并存相容，然后发给美国人的一个奖项。但这是不可能的，抛开历史积淀因素不说，诺贝尔奖的奖池也比任何奖项的都大。所以，德雷珀奖其实无法与诺贝尔奖争锋。（笑）

　　后来，瑞典的爱立信奖成了这个领域的大奖，这个奖完全是模仿诺贝尔奖来做的。爱立信奖可以被称为 "小诺贝尔" 奖，因为它受资助的力度仅比诺贝尔奖小一些。但是，与诺贝尔奖相比，它又是同一个委员会认定、同一个国王颁发的，其他的评判标准也一样。而且它是单独颁发的，获奖人盛装前往，沿街有几百万人在看着你。由国王来颁奖，舞台也很盛大。颁奖时整个典礼上只有该奖的获奖人作为核心人物，我们领奖那次就是只有克兰罗克和我。但即使这样，这个奖也难以与诺贝尔奖比肩。我在西班牙、日本等其他国家都领到过奖，但是其他奖项的得主都没有像诺贝尔奖得主那样受到关注。

　　我想说，爱立信奖是我拿到的最重要的奖。因为，在我心目中，我们这个领域的人是拿不到诺贝尔奖的，而爱立信奖近似于诺贝尔奖，相当于就是诺贝尔奖了。得了这个奖，后面还有其他奖等着。

瑞典国王颁奖给我和克兰罗克，我还发表了一个演讲，其中讲到网络对数据和声音均相当有利，目前我们已经展示了这种优势的必然性，而我们远在 20 世纪 60 年代的互联网活动中就已经观察到了（或经历了）这一点。使用互联网传输音频，用手机实现音频通话，资费还能更便宜，从构想到实现，耗时 20 年。

访谈者： 听说鲍勃·泰勒对于自己没有获得荣誉而感到不高兴。您后来和他关系如何？

拉里·罗伯茨： 事实上我和鲍勃·泰勒的交往不算多。一起共事时我们相处愉快，因为他干他的活，我干剩下的活，互相之间没有冲突。

鲍勃·泰勒是在伊万之后接手美国高级研究计划局的负责人，他是行为学科学家，不适合运行计算机科学项目，我入职后就接管了所有的计算机科学项目。鲍勃与军方在很多领域有合作，包括计算机领域。他还跑到越南去，去过很多地方。

当时鲍勃·泰勒告诉我，他们首席研究员组正在选择下一任主管。伊万离开后，他们选中了我。所以很久之前，我就被预先指定了。所以不是他选择了我，是首席研究员组选择了我。

我们在办公室一起工作了好几年，我帮助他和他的家人处理了一些社交方面的问题，但是我跟他在一起的时间不多。在我接任之后，他经常出国，去处理政府方面的事务。在我接手所有计算机方面的工作后，他开始与军方及其部属人员合作，所以我们之间没有太多的互动。我们都读过他写的东西，我不完全同意他的观点。

后来当互联网变成了影响力难以估量的事物的时候，他变得有情绪了。他认为他应该得到某种荣誉，但实际上却没有得到。

实际上，他并没有做任何的网络设计或与此有关的事。他做到的就是，劝服查尔斯·赫兹菲尔德雇用我。他宣称他的功劳是让阿帕网项目得到了 100 万美元的拨款。事实上，这不是美国高级研究计划局的运作方式。你得有一个项目计划，并绑定在一项科研上，对它产生的成果负责，这样才能得到拨款。是我撰写了项目计划书，并且得到了 1500 万美元的拨款。拿到钱的前提首先得是有规划，这是不能颠倒的逻辑。

就因为这个，鲍勃开始有怨气，他觉得克兰罗克得到了荣誉，其他人也得到荣誉，就他没有。他变得与我们所有人都相处得不愉快，后来我也不想和他沟通交流了。他对于我得到荣誉表现得太狭隘，但是这一切是我无法改变的。

访谈者： 功成身退之后，再回顾美国高级研究计划局这段经历，您会怎么评价呢？

拉里·罗伯茨： 我在美国高级研究计划局的合约是 6 年。6 年的时间足够一个人完成所有的智力工作。领导们来来去去，也都是这个时长，因为 6 年差不多就是他们离开原来的工作在美国高级研究计划局服务的时间。

我从观察林肯实验室和其他人的履历看到，如果人们每 6 年从一个地方搬到另一个地方，他们的工作就会有进步，如果他们不动，事业也不会进步，我认为这也是人们离开一个工作地方的原因。所以我想离开，我开始找接任人，利克莱德也终于同意了。

回首在美国高级研究计划局的 6 年，我从不感觉孤独。白天在五角大楼里工作，晚上回到家继续工作。除了研发之外，我同时还掌管着整个计算机科学研发部门的日常运作。一开始研发的年度预算经费是 1500 万美元，通过我们精心的预算流程设计、计算和运作，在几年之内这笔费用提升到 5000 万美元。我在这个岗位上工作了 6 年，这个时长也是我预估自己能在美国高级研究计划局待的最长时间。

我认为在研发和接受新事物上，业界往往落后于科学界。我以 AT&T 为例，1973 年，阿帕网已经运转起来了，

6 年光阴过后，我的使命已经完成。我准备离开美国高级研究计划局，下一步应该启动 Telenet①了，那将是我全新的职业生涯。

当时从美国高级研究计划局的视角去看，这个网络不应该继续运作。它已经不再是一个科研型项目，而是演变成了操作性网络。所以我跟 AT&T 去谈，我说，我把所有设备给他们，他们以某种方式拥有所有的网线，然后我们开始租入、租出这些线路，他们可以向任何使用该网络的人收费，包括我们，并以此壮大。BBN 公司正在建这类设备，他们可以随自己意愿扩展这项业务。

他们的委员会对此大动干戈地研究，持续了几个月后，最终拒绝了。他们对介入分组交换领域不感兴趣，而后又花了 5 年的时间才改变态度。甚至当再三决定做这件事时，他们都做不了，因为他们的高级工程师有不同的想法。这些工程师的思路是电路交换，他们相信分组交换不会有结果。他们只是无法改变他们的固有观念，只是说，这个

---

① Telenet，即远程网公司。拉里 · 罗伯茨于 1973 年离开美国高级研究计划局，BBN 公司聘请他主管一家新开设的名叫 Telenet 的附属公司，把私营分组交换服务推向市场。

系统怎么会奏效呢。于是，他们花了很长时间来改变想法。业界就是这样。这件事使我开了眼界，可能人们一旦思维固定，是几匹马也拉不回的。

访谈者：好的，谢谢您今天接受我们的访谈。希望下次还能再约到您的时间。

拉里·罗伯茨：好的，谢谢。

第三次访谈

访 谈 者：方兴东、洪伟
访谈地点：美国加利福尼亚州
访谈时间：2018年7月6日

访谈者：前两次访谈您讲了自己的学习成长过程和在美国高级研究计划局的经历，今天我们想听您聊聊创业的经历。Telenet 是您创业的第一段经历吧？

拉里·罗伯茨：嗯。1973年离开美国高级研究计划局以后，我创建了 Telenet。我觉得花6年时间在美国高级研究计划局足够了。因为6年了，要么成功，要么失败。

所以我在阿帕网之后研发了 Telenet。这是人类第一个用于分组交换的公共有效载荷载体。我的意思是，它所有的操作都是分组交换。互联网作为一个事物，是指互联在一起、用作一个公共媒体的一群计算机。但是，它里面还存在私人网络。

Telenet 事实上成了一个公共载体。它通过我们为其提供设备的其他载体，在世界范围内提供服务，因为我们制造这种设备就是为了做分组交换，这种设备是 X.25。X.25 也是一个协议，是我从零开始设计的。因为我知道，没有

标准化的协议，我们就没有网络。你可以说这种标准化的
协议使用了 XYZ 来连接到我们的网络，XYZ 是为你的计算
机设计、制作出来的。

于是，我设计了 X.25 协议，并去到当时还叫国际电报
电话咨询委员会的国际电信联盟，与英国、德国、日本和
加拿大的科学家合作，我们当时是在法国做标准化协议，
只有一个国家对我们感兴趣，我们略过了这件事。很快，
截至 1975 年，就有了一个标准。这便是我们开始使用，随
后用了 20 年的分组交换国际标准。

从 1973 年到 1980 年，这 7 年我都待在 Telenet，这是
我的首次创业试验。

这家公司规模不小，我管理起来也是千头万绪，不过
经营得还是非常不错的。刚起步时我们在华盛顿市区，这
样能离美国联邦通信委员会很近。因为 AT&T 每天都会提
交所谓的材料，想扼杀我们。我们每天都得反向提交材料，
AT&T 的敌意让当时的局面处理起来很棘手。

业界就是这样，争斗是必然存在的。AT&T 拒绝了我
的提案之后，我就去找那时美国联邦通信委员会的领导斯
特拉斯堡（Strasbourg）。我问他我应该怎么办，他说，在
网络这个问题上开始应战，因为他们已收到裁决。MCI 公
司既然已经开战，那么就开战吧。

　　这之后我就创办了 Telenet，它很快成为一家通信公司。我离开美国高级研究计划局后马上向美国联邦通信委员会提交申请，很快拿到了批复。因为我们是一家通信公司，所以我们有通信自由权。公司初创时，为了运营起来，我们是可以使用 BBN 公司为阿帕网写的相同代码的。结合实际情况修改了部分代码后，我们非常迅速地建立起了自己的设备。我们分配给英国、加拿大及其他参与国的设备是我们自建的设备。设备被建造成小装置的一部分，而不是处理 15 千比特网线的微机的一部分，其中很多是我设计的。我的团队中有非常棒的硬件工程师，我制订规划，他们做硬件设计。其实我们的工程量是非常浩大的，需要做各种分析以评估如何从零开始在全美国创建网络。

　　然后，落地到每个城市，安装接口、调试设备，各个点都建设完备以后，点点相连，网络很快就成形了。在 1975 年，我们用以运作的标准到期，回到了国际电报电话咨询委员会。于是我们开始以 X.25 协议运作，X.25 协议按销售额来看并不是主要的活动。其销售额主要集中在一些分时公司，它们能够允许全世界的人通过它们计算机的 X.25 协议拨号。这使人们有了远比他们过去使用的便宜得多的媒介，因为现在网络可以连接到他们的计算机了。Telenet 的第一批业务主要是服务分时公司。但是，越来越多的人将他们自己的计算机连进了网络。

Telenet 在商业上非常成功。就在我首次公开对外销售联网服务之后，就有了像通用汽车这样的大客户。他们对互联网非常感兴趣，通过联网服务，他们的日常办公可以远程连接。

我建立了 X.25 协议，这是一个新的协议，是我设计的。Telenet 的 X.25 协议的设计思路很像我设计 NCP 的思路。当贯穿网络，它有智能让那些不可能之类的事物没有通信量。所以，它是相当智能、完全无错的网络。在金融行业它被使用得相当多，因为它是交换网，所有这些网络使用分组交换，X.25 协议像那样被用到是理想的。

X.25 协议在网络上做了所有的检查，并且有足够的内存来完成传输工作；它可以提前预留空间，这样就不会发生冲突，顺利完成网络传输。用它来做网络传输总是绝对正确的。它不需要 TCP，比当前的网络更可靠和安全，因此很多金融网络仍然使用 X.25 协议。但是它很慢，因为它是我在网络传输速度为 50 千比特每秒的时候设计的。没有人把它升级到 T1 或 T5 这样的今天网络运行的速度。因此，X.25 协议从 1975 年起承担了主要的传输活动，我把它投入使用的时候大概是 1975 年，一直用到 1995 年。然后，阿帕网在 1983 年改为使用 TCP 来做传输。

还是有其他较难的技术，如为 T1 建立一个界面，这是我用额外一周或两周就可以干成的事。但是，人们似乎满足于目前，不再尝试超越 50 千字节及其速度。于是，这个系统继续是一个更低速的系统，同时也极其可靠、相当无错。因为互联网存在巨大的黑客安全问题的原因之一是它不检查发信地址（origination address）。

这样，你可以伪造任何你想要的地址，向任何人发送拨号服务通信，而不会被人知晓身份。你可以输入我的地址，向另一个人发送。所以，这其中大有问题。我听说思科公司想尽力用一些时间来解决这个问题，但，那可能要花 10 年或 20 年。这要等得相当久，因为他们还没有取得任何进展。你发送的信息一到第一个网络传输节点，就有一些东西应该被审核。它应该知道你是谁，你在哪里，确定是你在发信并说明你是谁。如果确实能做到这点，黑客行为将变得难多了。

这是相当具有可行性的诸多方面之一。它与智能有一点不同，智能是指网络处理通信的同时却不丢失包，能够管理负荷量，使其接近 100% 负载，即监控负荷量，管理通信量。

第二个因素是，如果你不控制输入（或入口），网络知道谁在发信，信被传递给接收者，这样，接收者知道谁给他发的信，然后网络就可以控制黑客行为。这个是最大的漏洞。

后来 GTE（美国通用电话电子公司）向我提出了收购邀约，我决定接受。因为将它卖给 GTE 这样体量的大公司对 Telenet 来说是一个比较好的归宿，这能保证它可以继续持续地提供大客户服务。合作达成以后，GTE 让我掌管所有的数据计算设备，那时的这种设备基本上是把数据与 PBX（用户级交换机）结合在一起。我对此并不感兴趣，但还是干了几年。后来我拿到了股权，再后来 DHL（敦豪航空货运公司）邀请我出任总裁，我就去 DHL 工作了。

访谈者：您去了 DHL，在那儿负责什么业务？

拉里 · 罗伯茨：DHL 的创始人拉里 · 希尔布罗姆（Larry Hillblom）是一个怪才。他跟我聊，说："我需要某个对电子学懂行的人，他会做追踪（tracing and tracking），还能搞定项目的其他工作。你应该在 DHL 旗下创立一家公司来专攻这个方向，公司会有资助，同时你还可以兼任 DHL 总裁。这样，我们可以从一家初创企业壮大成长到一家成熟企业。"

我表态说只担任一年的总裁和首席执行官，公司也允可了。所以，1980 年，我到 DHL 担任总裁，并且接手了电子部门，发力与联邦快递竞争。

相比较而言，虽然在海外市场业务上 DHL 占据主导地位，好于联邦快递，但是联邦快递送物件出国的速度比 DHL 要快。所以，我做的第一件事是在美国投资建了一支空中力量，通过建互联网了解网络拓扑学，设置"两个中心"（飞机网络中心和常规网络中心），我想要构建一个比简称"一个中心"更有效率的网络。但是飞机的网络又和常规网络不同。我本来建成了"两个中心"，最终又改回"一个中心"。我无法以"两个中心"达到那种标准，像联邦快递那样的次日递服务"上午 10 : 30"之前送达的标准。

我建成了空中力量，配好了人才梯队，完善财务制度，总之搞定了从一个初创企业到成熟企业的一切。然后，我开始运营 Net Express 公司，向着拉里·希尔布罗姆和我聊的那个目标努力前进。

访谈者：您在 Net Express 公司负责什么业务？

拉里·罗伯茨：在 Net Express 公司我主要承担两项任务，一项是为 DHL 做追踪，这个简单，我并没有对它太关注，就让其他人来做，太简单了。我关心的是，公司能看到联邦快递正在好转的经营形势。我们得努力，在经历 DHL 流程后，我建议推出更先进的（put in）第四组传真机（Group 4）。

当时还没有人研发出来，所以我们要想保持优势地位就得研发出来。第四组传真被定义为第三组之后的新一代传真。由于第三组表现得太好，没有人愿意费劲研发之后的第四组。

我们的研发很成功。除了 DHL，佳能公司也投了资。佳能提供了复印机式的装备，把它和我们的研发连接在一起，这样，它就能像一台第四组传真机一样运转了。我们将这种设备投放到 DHL 全球各个地点，用它接收从当地任何地方通过电话发来的传真，传真会被打印出来。DHL 传真将被传送到它们想去的地点，既可以通过电子方式，也可在当时当地打印出来，既可在第二天送到，也可在当天就送到。

这样一来，我们在世界任何地方均可当日送达。传真是这样，而打印出来的传真，要通过普通快递员递送。普通快递员方式是联邦快递在美国各州也致力于做的近似做法。但是，他们得在各地都有特殊快递员，因为他们不像我们能够在全球提前完成任务。我们在全球有巨大的速度优势。

在 DHL 按照这样的流程运营一年以后，联邦快递也开始意识到传真是一项好买卖，购买了性能不错的第三组传真机，按照和我们同样的路径去投放使用。所以，DHL 后来放弃了这项业务，认为这项业务不久之后就不会有赚头。我们继续运营一个网络，让第三组传真能发到我们在华盛顿的办公地点及很多其他地点，再发送到全世界其他地点，比如韩国。我们在那里有合作伙伴，他们买我们的设备，打印并投送这些传真。

就这样，我们能够以比通过一条电话线来发传真便宜得多的价格来发传真。你只需要输入当地地址，打一个免费电话，就可以将传真发到世界另一端，让对方通过 X.25 协议打印出来。这种方式很便宜，业务运作得很好。

第一项任务可以省心了，第二项任务是，研发某种 ATM（异步传输模式）机。当时已经有了 SMDS（交换多兆位数据服务）交换机，这是 ATM 机的第一代版本。而我研发了 SMS（Subscriber Management System，用户管理系统）。我们研发这个机器，是履行与某家大型交换设备制造商的合同。他们想进入新的业务领域，于是，我们设计了这种机器。当项目完工时，他们原封不动地接收了一切，并且对我们说"太谢谢了"，因为他们以前合作过一个团队，合约期满后这帮人拿走了软件和设备。

后来我接受了泰科电子公司（TYCO Electronics）的一个邀请，又开工研发了一台 ATM 机。我为此组建了一家新公司，带领团队研发出了一台新的 ATM 机。我对 ATM 机有独特的构想，当时我是 ATM 领域的专家，曾经在 ATM 论坛上介绍过这一构想。

访谈者： 后来您为什么没继续做 ATM，而是创办了新公司 Caspian？

拉里·罗伯茨： 经过一些波折后，最终 ATM 被泰科接手了。1998 年，我开创了另一家新公司 Caspian，并出任了首席执行官。Caspian 是做路由器业务的公司。

我的设计思路是这样的，在当今互联网，当 TCP 或 UDP（用户数据报协议）或其他协议有了流量，完全可以识别出这是一股流量，因为它不仅有地址，而且有你将通往的门户，可到网络任何地址。我的想法是，不要交换地址，而是要尽力查找地址。我会依据流量来交换。我会查看这股流量，立即查找，迅速做哈希函数，再确定这是哪股流量。我已经确定了这股流量在哪里是被绕过的，它是如何被处理的。

就这样，如果你只是用单个随机包来管理的话，我管理这股流量可以比你效率高得多。Caspian 交换机正是我以这种思路设计的首台交换机。在这台交换机中，任何事物都被视为是一种流量。我建了 3 台或 4 台 A6。我设计的这种机器达到了一定技术高度，足以处理好相应工作。它们将以更快的速度工作，Caspian 公司造出了这种机器。

这是一种非常棒的路由器，监测流量的同时运转非常快。它只路由一次，而不是每次一有流量就路由一千次。所以，它运转起来成本低得多，也要快得多。

但是路由器的市场环境相当严峻。Caspian 面临的是与思科、瞻博（Juniper）的直接竞争。但因为 Caspian 出色的性能，它的销售形势一片大好。与思科在路由器销售市场短兵相接之后，Caspian 在全世界都卖得脱销了。思科后来也降价了。

Caspian 后来被一家中国公司收购了。这家中国公司持续地在两家公司之间来回做试探，我们向他们证明，与我们做生意，要比与 IBM 做生意便宜得多。我的意思是，思科公司设法拉平价格，压到其成本之下，然后中标，因为思科很想做成这笔生意。于是，我放弃了，签约卖了路由器，因为与思科公司对抗不可行，它太会降价了。

后来我继续在公司干，另有人接掌了首席执行官职位，风险资本家们爱这样干，他们总是换首席执行官，那些换上来的人并不知道如何和前任干得一样好。接掌我职位的人并不了解我干的活，他知道如何运营一家企业，但是不了解我的企业，也不了解这一家公司的战略方向。所以，换人效果并不好。

我看到的就是这种情形。我要做的是，重新设计它，我跟公司提出建议，想要重新设计路由器，使其同样功能作用下占用的面积比其他路由器小得多。但公司并不想这样做，于是我妥协并独立出来，后面有了 Anagran 公司，我们将互不干涉。Anagran 公司在研发这种设备方面非常成功。

Anagran 作为 4.5 千字节的交换机，在全球非常热销。它管理通信的方式，相当接近 Caspian 交换机的目标，它更有竞争力，也更经济，而且卖得太火了。不过，问题是，风险资本家遇到了很糟糕的一年，因为千年虫（Y2K）问题。

当时投资商都在收缩注资，他们得用同一笔基金持续注资不同的公司，而不是用两笔不同的基金注资一家公司。他们无法再增资，只好放弃其中一家，这样我和一位投资者友好地分了手。他无力继续就卖了 Anagran 公司。

访谈者：您还在 NetMax 公司工作过。

拉里・罗伯茨：对，我后来还在 NetMax 公司干过，不过算不上工作，就是和别人共事了一段时间，他们想要研发一样产品，而我刚好有那么一点相关职业经历。但是我们没有做出一点有用的东西。

访谈者：您创业的想法一直没有停止过，是吗？

拉里·罗伯茨：是的。我在 2015 年创立了 FSA 技术公司，Frank-Sam-Alpha，它是由三家资本构成的，公司仅有 3 个人，因为我们受到注资的情形很滑稽。对于我们这种验证某一构想的孵化创业，他们资本的注资力度太弱了。

FSA 研发的是 Flow State Aware（流状态感知）技术。它基本上是建立在一个与众不同的构想之上的。具体而言，是将两个装置放到网络中的一个电缆管道之中，加入网络需要的智能。这是深入网络、加入智能、使其以 100% 利用率而不是以 50% 利用率运转的渐进方式。50% 的利用率是典型的运转现状。

FSA 现在仍在运营。事实上，我们还在寻找投资。

访谈者：您如何保持这种工作的激情？不会累吗？准备何时退休？

拉里·罗伯茨：我喜欢工作，所以也不会累，也不会设定什么时候退休。

我属于我自己，我喜欢有创新性的事物，它们能使我永远兴奋。不过以后我可能会缩短一下工作时长，不会再像以前那样不分日夜，也不会再像现在这样差不多每天工作 20 多个小时了。

现在我还在工作，我的公司里仅有三个人，一个程序员，一个干 IT（互联网技术）的人，还有我，我承揽了所有设计工作。我在每家公司干的都是这个，即做全程的设计，细致到代码行。

我现在公司做的，还是聚焦在互联网智能和安全上。我指的是，我曾创建的两个网络，互联网的 NCP 第一版和 X.25 协议内置有智能以及边缘点的安全设置。这样，我们就能知道在与谁对话。但这些现在已经被删除。于是，这些问题现在正深深地伤害着我们。我们得解决它，它也完全是可解决的。

TCP 被安装在几百万台计算机上，也许是在几十亿台上。所以，我们没有必要改变 TCP。我们不能改变计算机正在做的事，但是，我们可以改变网络正在做的事。我们需要在网络中搜寻导致其拒绝服务的攻击。

在前沿（或边缘点）这里，几乎是没有希望的。它已经存在。你这里有一百万台计算机，你也得将这个东西安装进网络以便留意到造假的通信。你本不应该这样做，特别是在你可以非常轻易地识别出这条信息来自假地址，并将被发送到同一个地址的时候。但是，网络必须植入所有这些。这是我认为我在当前公司能够实现的事情之一。

访谈者：您有什么业余爱好吗？

拉里·罗伯茨：我没什么业余爱好，全然没有。因为工作太多了。

在我公司，我是首席执行官、首席财务官和首席技术官。所有这些都需要我花费相当多的时间和精力。因为拿不到足够的投资，我们负担不起所需的人手，所以我们一共就 5 个人。大部分工作都是由一个程序员和我自己完成。我负责目前工作的理论部分，下一步该怎么做，以及所有方方面面的事情，这很复杂，似乎需要我一辈子的智慧。

我大部分时间都在经营公司，我担任过五家公司的首席执行官。目前这是第六家。有段时间我转型做首席技术官，但是被后来招来的首席执行官们搞砸了，所以效果不太好。我的作息是，早上 6 点起床，7 点开始工作，一直工作到晚上 7 点，然后，放松一会儿，上床睡觉。我没有太多时间吃饭或做其他事情，基本上每天都坐在计算机前 12 个小时。很多时间我是作为首席执行官发电子邮件和作为首席财务官做一些行政工作——归档、存档、做预算、算账、缴税和其他需要做的事情。然后技术工作可能占用的时间最多。但有时候我必须找时间休息一下。

我也不打游戏，从来不打。当年我在美国高级研究计划局的时候，计算机上有类似文本游戏的在线游戏，我玩过一些，但从那以后再也没有玩过。

访谈者：回顾多年的经历，您怎么评价自己的职业生涯？

拉里·罗伯茨：如果从公司的视角来看，我一直是在首席执行官的位置。但是相较于我的设计工作而言，运营公司对我来说是具有挑战性的。我的公司很快会有一位首席执行官到任，他会承担大量的管理工作。我是真的不愿意做这样的工作，处理公司的财务工作啊，发工资啊，等等这些事情，令人烦恼。相比较来说，设计产品是我真正的兴趣所在。

实际上，我更愿意通过管理公司来管理项目，这意味着公司所做的战略决策都必须和我创建的项目有关，这些决策必须是正确的。有些情况里，风投会招聘其他首席执行官和首席技术官，那基本都是灾难。因为他们招进来的人不懂技术，也不知道问题所在。我遇到过的极坏情况是，这些人进了项目组之后，能发生的糟糕的事都发生了。他们让我做回首席执行官，因为其他人干不了。这是整个风投圈的问题。如果我擅长的是推算和技术，那我就不该做管理，但通过运营公司来管理项目确实效果不错。以后，我宁愿做首席技术官或是别的什么类似的。

访谈者：好的，谢谢您抽出时间。

拉里·罗伯茨：谢谢！

第四次访谈

访 谈 者：方兴东
访谈地点：美国加利福尼亚州
访谈时间：2018年9月12日

访谈者：很高兴，我们又见面了。后来我们也访谈了不少人，关于互联网到底是谁发明的，有不少争议，您怎么看？

拉里·罗伯茨：对于互联网到底是谁发明的争议，在我看来这个问题的关键是关于当时真正重要的发明是什么？我认为就是分组交换，事实上你可以通过使用共享和分组网络，来省下本来会花在电路交换里的所有的钱。

分组交换的第一次应用是与大规模并行处理网络控制协议一起实现的，大规模并行处理网络控制协议是我的研究生斯蒂芬·克罗克领导的团队为我开发的一个项目。他们提出了计算机之间的协议，基本上当时的 NCP 和输入处理器没有能力实现我的要求，即在哪里存储信息。他们最终做到了。他们把信息保存在一台计算机里，然后让它来发送。但是计算机没有足够的内存来大范围地进行这项工作。NCP 允许你在没有任何 TCP 类型操作和任何端到端协议的情况下进行操作，你所要做的就是发送文件，然后网络在很大程度上会帮你解决剩下的问题。

斯蒂芬 · 克罗克告诉我，这里可能会有一个超负荷的情况，这是一个技术上的缺陷。当时文特是研究生小组的一员。在我雇了鲍勃 · 卡恩到我办公室之后，他就雇了文特。文特和鲍勃在 TCP 上尝试做一个端到端的事情，这样他们就可以有绝对清晰的文件传输，没有任何潜在的错误。这基本上是文特在做的。所以当时的讨论主要是文特和鲍勃谁来接管办公室，许多事情的功劳应该记在谁的头上。这就是他们获得德雷珀奖的原因，因为在我看来，网络必须要有一个标准，特别是在有了阿帕网的情况下，有一个全世界通用的 TCP/IP 作为标准特别重要。我们需要一个标准，鲍勃确实做到了这一点，因为鲍勃得到了政府的批准，基本上让它成为唯一一个大家接受的标准，这就迫使其他厂商去按这个标准做。现在所有人都是自由的，他们不必去建立一个新的标准或做任何事情。文特主要进行 TCP 设计，他们要求所有网络协议操作在 1983 年转换为 TCP。

1973 年，他们讨论过用 "互联网" 这个词来谈论一个连接其他网络的网络。现在我们正在连接其他网络，我们在英国有一个联网的网络，在夏威夷有一个网络连接了分组无线电。我们正在建造其他网络，在每一所大学里都会看到一个小的计算机网络，就像在麻省理工学院一样，各种各样的计算机都连接在一起。他们总是通过网络相互交谈。但是，他们一直在争论概念，尤其是文特，因为他在麻省理工学院和谷歌工作的时候跟大多数媒体都打过交道，有一些媒体上的关系。媒体上就有了类似基本上 TCP 才是主要的发明，分组交换是不相关的这样的说法。这不是什么大问题。当然，它们其实都挺重要的，但 TCP 可以帮助阿帕网避免出现增长问题，而这些问题可能不会被重新设计，比如告诉你要有正确的缓冲空间分配。缓冲区分配问题，我们很容易解决。我是说，在 ATM 论坛上，我们做了很多，讨论了哪一个最好。但无论如何，TCP 是一个奇怪的应用程序，除此之外，它只是帮助人们获取移动文件和结束获取，而且效果非常好。从 1983 年到 1985 年，因为没有任何方法来控制负载，网络很容易崩溃。

当时网络基本上是通过改变 TCP 规则来修复的。这主要是由国际互联网工程任务组的人来完成的，其他人没有机会去修复它。这种分配是正确的，这样网络就不会把事情搞砸，不会在传输过程中崩溃，所以以 1985 年网络崩溃问题就修好了。当然，它现在仍然运行得很好。现在 IPv6 必须慢慢更换，它应该有可变长度的寻址，所以它不需要做成第 6 版。当时我们都没有想过对长度也进行设定，因为在硬件上很难做到，现在这是个微不足道的问题。所以更换是一个困难的过程，固定长度反而更容易。他们确定了一个比这个小得多的地址空间，实际上用的是我在 Telenet 创建的国际电信联盟标准，那个标准有很大的地址空间。它现在已经在国际电信联盟标准中，所以基本上，在媒体上发生了这样的争论，不是我们几个人认为什么更重要的是关于 TCP 与分组交换的争论。在这个背景下，卡恩和文特放下了分组交换，推出了 TCP，声称这才是网络互联，基本上所有的网络都能联成一个网络，这就是互联网。这不是大问题。事实上，一旦你收到一个协议，你就可以把它转换成另一个协议。他们在伦敦做了，在夏威夷也这么做了。在任何需要的地方都可以这么做，还有两个地方我记不起来了，实际上是在另一个网络上收到另一个协议。

随着时间的推移，他们在法律上还存在一点小问题，因为这是他们的争议所在，并且曝光给了媒体。关于这件事，我没有太多的话要说，我不想在公开场合争论这个案子，这不值得。我的意思是，分组交换显然是技术上的改变。TCP 是当时接连出现的三个或四个协议中的一个，有一段时期起到了很大作用。现在它在网络上进行得太慢了，TCP 成了一个真正的问题。我不认为它是一个协议，因为它在网络上运行的方式就是假装网络是无能为力的。它不能让网络很好地工作，因为网络会把信息丢在后面。这是因为它没有任何内存分配，没有任何方法来管理传输速度。所以你可以从你的计算机上管理它。这是一场灾难，使我们陷入依赖于距离的延迟，这是 TCP 无法克服的，所以你不能发送超过 20 兆比特到 100 兆比特的数据。今天的网络以 100 吉比特每秒的速度运行，你可以以高于 100 兆比特每秒的速度发送文件。

访谈者： 您离开美国高级研究计划局后，是鲍勃·卡恩接管了吧？

拉里·罗伯茨： 我离开美国高级研究计划局时，把项目交给鲍勃接管。他一开始是在 BBN 工作，但他和弗兰克·卡韦关系不好。他想来美国高级研究计划局，我就把他招进来了。他很聪明，能力也很强。我离开后，他接管了项目，虽然其间利克莱德也来帮过我，但时间不长，他是来帮我交接项目的。所以，鲍勃后来接手了。我们没什么交往，关系并不亲密，也会有分歧。

后来 20 世纪 80 年代的时候，他聘用了温顿·瑟夫，二人一起研究 TCP/IP。温顿是因为 TCP/IP 为人所知的。鲍勃当时是管理办事处的，他参与了 TCP/IP 对 DoD 模

型 ① 的标准化项目，也就是说，要用 DoD 模型的话，你买了计算机，还需要连系装置。他要求所有人都备好和 TCP/IP 对接的连系装置，这是让 TCP/IP 通过审核的重要步骤。当时可以说是 TCP/IP 和其他协议的一场乱战。我认为，他在这个项目的参与度很高，他也将 TCP/IP 变成了全球通用的网络标准，就像 DoD 模型一样。

访谈者：您和温顿·瑟夫联系多吗？

拉里·罗伯茨：我在做第一个项目的时候就认识温顿了，但我和他关系一般，因为他一直在贬低分组交换数据网络，还把他在做 TCP 的时候遇到的问题都归结在分组交换数据网络上，这是我们之间长久以来的大问题。不过我们和平共存。

现在，大家越来越爱研究历史了。的确我们都参与了历史的进程，我们所做的的确是给这个时代带来了举足轻重的变化。

机器之间的不和都比我们之间的多。我们之间关系也还不错，不怎么吵架。只有谈到工作的时候才可能会吵，但都知道的，我们从不把这种事搬到台面上。

① DoD 模型，美国国防部设计的一个网络模型。——编者注

　　后来我们也不会聚会见面，只有在获奖的时候才会重聚。即使在这种场合，常常也只能聚三个人，聚不齐四个人。比如德雷珀奖我们都会出席，但其他的奖有人会在西班牙领，有人在日本领。我们不会为了见面而见面，我们彼此没那么亲近，有事我们就发邮件，现在大多时候是这样的，毕竟我们不会花太多的时间打电话。

　　访谈者："包"这个概念，是唐纳德·戴维斯[①]最先提出的吗？

　　拉里·罗伯茨：1967 年的剑桥学术会议上，我见到了英国计算机科学家唐纳德·戴维斯和他的团队。我对他们并不了解，此前从未听说过他们。

　　交流中我谈到了我正在实施建设中的互联网计划。他也谈到了他在这一方面的研究，但是他找不到政府或者哪个实验室来资助他。他研发了一个交换装置，这个装置在阿帕网出现之后也发展运行得很好。事实上，尽管他写了

---

① 唐纳德·戴维斯（Donald W. Davies），1924 年 6 月出生，英国计算机科学家。参与了英国第一台计算机的研制；主持了英国第一个实验网的建设；分组交换技术早期研究者之一，帮助电脑能够彼此通信，使互联网成为可能。于 2000 年 5 月 28 日逝世。

很多论文，而且是除了我和保罗 · 巴兰[①]之外第一批研究分组交换概念的人之一。但后来他的工作对美国高级研究计划局和互联网联结任何事情都没有影响，我自己并没有参考他们的实验，我是通过研究数据包完成项目的。

他们提到有了 50 千比特的网线。9.6 千比特的网线是任何人都能搞到的最高速的调制解调器的网线。但是，秘而不宣的是，AT&T 研发出了一个巨大的盒子，里面装着七条或九条电话线，总之是有很多条电话线，来做 50 千比特的事情。不过，我在美国高级研究计划局内，在政府框架内做这件事更经济。我可以去建 50 千比特网线的网络，这是比使用 9.6 千比特网线好得多的方式。

在 1965 年，我做第一个实验时，那个实验是用小块信息做的，而且我设计的这一块是最适合电话线的错误率。因为当时背景中有继电器，所以有很大的第一声噪声。这样你就会同时丢失一堆数据，而不仅仅是一点点。今天我们在线路上可能会损失更多，但后来我们失去了传输信息。

① 保罗 · 巴兰（Paul Baran），1926 年 4 月出生，美国计算机科学家，通过发明分组交换技术推动计算机网络发展，并帮助奠定了第一代计算机网络阿帕网的底层技术基础。于 2011 年 3 月 31 日逝世。

当时自动磁带和旧的纸带转发系统用于保存消息，这会极大地延迟后面的任何其他消息，这是一个非常糟糕的协议，只有小信息，没有大量信息。所以我必须重复整个包，如果它丢失了，包就会被损坏。我找不到可以代替它的东西——我并不因此感到骄傲，所以我设计了这个主题来研究电话线的错误率，包的长度，大约是 1000 位。

但是，不管怎么说，保罗的助理启发了我"包"这个概念，我当时说太棒了，我需要这个单词，它微言大义，一下子形象化了很多抽象的理论。（笑）

访谈者：保罗·巴兰、克兰罗克、戴维斯三人都提出过这个概念？

拉里·罗伯茨：是的。不过，克兰罗克提出理论的时间比任何人都早，这在他的文献中可以清楚地看到①。他发表论文的时间比保罗·巴兰所做的任何事情，比唐纳德·戴维斯所想的任何事情都要早。他出版的书也在戴维斯和

---

① 1961 年 7 月，克兰罗克发表了第一篇有关这方面理论的文章，题目是"大型通信网络中的信息流"，这比保罗·巴兰的报告至少早了半年多。第一本关于分布式网络理论的书也是由克兰罗克在 1964 年完成的，这本书是《通信网络：随机的信息流动与延迟》。

其他任何的关于分组交换的理论之前。

保罗·巴兰在 1964 年发表了论文《论分布式通信系统》，却一直没有产生什么影响。1967 年 10 月的加特林堡会议后，我关注了他的报告，也让他参与了阿帕网的研发。但是，伦纳德·克兰罗克是第一个和我谈列队理论概念的人，1964 年也发表了毕业论文。保罗·巴兰的论文确实说明了应该先搭建网络这一观点，但只是在谈论这个话题而已，并没有设计出网络。而且我在设计完网络后才看到他的论文，对我的设计并没什么帮助。

唐纳德·戴维斯在去世前发表论文说，伦纳德·克兰罗克根本没资格说自己首创了分组交换理论，我觉得他的评价是错误的。伦纳德·克兰罗克对于数据包当然有贡献，他在 1961 年自己的博士论文开题报告中就提出了要探索网状中流量阻塞的数学基础，描述了信息可以拆分为大小完全相同的微小单元，只是没用“包”这个名称而已。我觉得唐纳德·戴维斯提出的“包”这个术语不错，于是在 1967 年的学会会议上采用了这个术语。虽然我比戴维斯研究得稍晚一些，但他却一直没有拿到资金支持，没发现任何新东西，而我当时已经设计好网络实施计划，并开始运作了。

在戴维斯去世后，他的儿子发表了一篇文章，说“包”这个概念不是克兰罗克发明的，而是戴维斯发明的。这个词本是英语中用于邮政服务的单词，所以这个词的由来并不重要，当时我们考虑的只是用它来称呼信息片段，克兰罗克的书中清楚地说明了这一点。

访谈者：您和克兰罗克关系如何？

拉里·罗伯茨：我跟克兰罗克的关系很密切，相处得很合拍。有很多时候我是跟他一起工作的，我们在林肯实验室的时候就很熟悉了。

我能理解克兰罗克的工作，因为他实际上在研究分组交换网络理论。1964 年他出版了一本书，这本书能够帮助我了解他，了解他的论文及工作，时间越久了解越深入。

当时我认识的所有人和通信机构，AT&T 和 SDC（国防通信局）以及其他机构都认为分组交换是无望的，因为它会全部失败，这些包只是一个符号。但是克兰罗克的列队理论证明了进行分组交换而不丢失数据是可行的。这对我来说是相当重要的理论背景。正如我在一次采访中所说，如果没有这个，我不敢做实验，也不会去做，因为我没有证据证明它是有效的，以为包可能真的像大家所说的那样难以实现。

我们俩一起工作的时候，有段时间我仍然在实验室里研究 TX-2 计算机，就是在一个比这栋房子还要大的地下室，里面到处都是设备架。我在设备架后面走来走去，他在一旁开始工作。然后我通过设备架的间隙悄悄和他说话，这把他吓坏了，后来他到处讲这个事儿。

访谈者：您和克兰罗克关系很密切，听说你们还一起去赌场？

拉里·罗伯茨：是啊。我和克兰罗克经常一块去拉斯维加斯赌钱，针对赌场的二十一点，我设计了一种算法，用的是索普布理论，这是一种难度很高的算法，然后我在二十一点中运用许多数学原理，设计了我自己的算法，来推算出最优策略。最优策略就是要累加累减。这套理论在今天的二十一点中也广泛使用。现在，他们会用两幅迷你牌，还把它们混着用，推算起来就很难了。

克兰罗克当时住在洛杉矶，到拉斯维加斯去很方便。我住在东海岸，只能坐飞机去。有一次，我做了一个小机器，可以藏在我的口袋里的，机器里有石英石，有很精准的计时机制。它关得很紧，如果我碰它的话，它会开始计时，计时结束就会电我一下。赌场里没人会发现它。

我观察赌场里的幸运转盘。我发现，如果你可以推算出球会落到哪里，你就能赢。因为我要把赌注押在它可能会停留的数字的附近。也不是每次都能赢，因为需要估测到它会停到哪里，但这很难做到。

所以，当小球通过双 0 的时候，我开始让我的机器计时。这样我就可以知道它的停留点。通过之前的实验，我知道停留的概率。这样，我就可以推测出它会停在双 0 的哪一边，并把赌注押在那一边的数字上。

但后来呢，这个机器失灵了。它是用标准的晶体管集成电路做的，一热就失灵，因为我口袋里很热，所以它无法正常运作，也就没法电我一下，就失灵了。感觉小机器不是很有用。

冷却之后，我把小机器校准，又验证了它是有效的。之后，我们去了另一家赌场。我手里拿着录音机，用来录转盘的声音，因为我想改进我的小机器来假冒转盘的声音。转盘的声音体现了多普勒效应，每次转声音都不一样。我自己不用计算，声音会计算。于是，我就去录转盘的声音。

伦纳德当时在赌钱，我什么都没赌，我每次都押在类似的东西上。我录音的时候，赌台的管理员说："你的手是怎么回事？""你的胳膊是不是不想要了？"然后我们俩赶紧跑。当时他还赢钱了，是运气好的赢钱。后来我们不再去赌场了，实验终止，我不再研究它了，之后再也没有制造过类似的小机器。

每次我俩组队时，我们的赢面最大，这是更保险的做法。如果一方牌面大，一方牌面小的话，那就扯平了。但我们都赢过。他还用我的算法，因为我的算法比他的好用太多。那段时间我大概赢了一万美元。

其实我差不多每次去都能赢，但并不是说我每把都赢。我的理论依据是：你有一定的赢面，就不会输太多。因为打牌的话，他们用几副牌，你就要算几副牌。用我的算法，我可以同时算两副，甚至四副牌，算四副牌难度就很高了。他也用我的算法，是因为我的算法可以算四副牌，这个算法后来我还发表了。今天人们一直在用的 "高牌低牌" 机制就是我开创的。当时，这套算法很有效，现在就不行了。

访谈者：您年轻时候的生活是怎样的，方便说吗？

拉里 · 罗伯茨：我的个人生活很单调，没什么故事性。

我的感情经历也很简单。高中时谈过一次恋爱，但是懵懵懂懂的，直到后来分手的时候，都感觉和那个女孩不怎么熟悉。大学时也谈过恋爱，但是每段恋情都不长，我太忙了，心思都用在做实验、写论文上面。本科毕业之后，1959 年我就结婚了。虽然后来离婚了，但是其实在那段感情中我第一次认认真真地和别人谈恋爱。

我的社交依然很少，一般就是独处，拼命工作，精力都放在工作和团队运作上面，我需要管理数百人，技术工作、管理工作一大堆。

我也不算爱运动，但是也参加过不同种类的体育活动。

打过一年的曲棍球，但不是特别认真地去打，就是自由活动下，没有特意去参加体育活动。

工作习惯之外，我的饮食习惯也比较固定，一般都会自带午饭，到今天也是。林肯实验室也有自助食堂。我结婚也比较早，社交也不多。

访谈者： 您连吃饭、社交、家庭生活都很简单，是不是因为满脑子只剩下了工作？

拉里·罗伯茨： 也是，也不是。当时是因为压力的确非常大，我得研发出计算机的整个操作系统，还得完成尚未完成的论文任务。前面我说了，政府将我发明的图像压缩的专利技术应用于登月图片的处理。回收自月球的图片，我都得压缩。按那些年晶体管的逻辑，那是唯一逻辑可行的压缩方法，当时还没集成电路呢。

访谈者： 您的感情生活呢？

拉里·罗伯茨： 我现在的伴侣泰德·林克（Tedde Rinker），和我住在一起。她比我小 15 岁，是一位非常专业的医生，擅长激素代替疗法，同时她还是一位精神科医生。她现在身体抱恙，深居简出，否则她会在事业上做得极其出色。

我们的第一次约会实际上是在 1975 年。但我们当时没有在一起，因为她想要一个孩子，而我进行了输精管切除术，那时我已经有了孩子。所以，她有了另一段婚姻和第二段婚姻，在那之后我们才开始在一起。

在此期间，我还有其他几段婚姻。我和第一任妻子有孩子，但她对我来说根本不适合，之后我还有过三段婚姻。

访谈者：您的孩子都怎么样？

拉里·罗伯茨：我有两个儿子。小儿子因为肺部栓塞过世了，这非常非常令人伤心，栓塞导致他的肺部无法得到任何血液，因此去世了。

我的大儿子住在新罕布什尔州，他娶了一个好女人，他们一直生活得很好。他早早赚了很多钱，中断了在麻省理工学院攻读硕士学位，开办了一家公司，赚了一大笔钱，然后回到麻省理工学院完成学位，并且一直从事其他业务，主要是他自己经营，规模挺大的。

访谈者：真抱歉。您是如何教育孩子的？跟您父母对待您的方式一样吗？

拉里·罗伯茨：不，不幸的是，我的第一任妻子远未产生良好的影响力，所以对孩子的教育不是很好。我犯了一个错误。我应该以我的父母为榜样。他们从来没有给我建议，但我应该听听他们的建议，找个像泰德这样的妻子，有自己的专业和工作，同时也是一个可以在智力和情感上和我完美互动的人。

而她（第一任妻子）不是。

访谈者：您的第一任妻子是做什么的？

拉里·罗伯茨：她什么也没做。我在大学的时候，她做了一点编程工作，但很快放弃了，之后也从未做过任何事情，一生都由我养着。

访谈者：我明白了。关于您的家庭生活还有其他任何想和我们分享的吗？

拉里·罗伯茨：没有了。之后我还有过其他三任妻子，但都不值得提，都是短期婚姻，她们都不适合我。直到和泰德在一起，我才明白我一直应该做的是什么。我们从 2000 年开始在一起，现在已经在一起 18 年了。

访谈者：你们 2000 年在一起哦！但 1975 年就认识彼此了。

拉里·罗伯茨：1975 年是我们的第一次约会。那时她想要个孩子，而我不能是那个父亲，因为我已经进行了输精管切除术。

访谈者：我明白了。您很幸运。最后，您有一个非常好的妻子和您在一起。

拉里・罗伯茨：我们那时候应该想明白这些。泰德实际上不是我的妻子，而是伴侣。因为我们认为结婚只会增加税收负担，并没有什么好处。这是一个巨大的成本，结婚后我们每年要缴税 15000 美元，如果夫妻双方都在工作的话，需要缴纳额外的税，而刚好我们俩都在工作。

访谈者：您在多少个城市生活过？

拉里・罗伯茨：生活过的城市吗？我在波士顿地区大概住过三四个地方，波士顿、剑桥和贝德福德。当然，还有韦斯特波特，这是第四个。然后我去了华盛顿，住在华盛顿以外的弗吉尼亚地区，这是第五个。我在那里住过几个不同的地方，但我不想把它们算作城市，基本上在同一个地区。然后我来到这里，在这里我住过三个不同的房子，但都在同一区域。

访谈者：您更喜欢哪一个？

拉里・罗伯茨：我现在喜欢这里。这里的房价是昂贵的，但是我住过的气候最好的地方。这里非常好，因为相对干燥，没有蚊子或其他虫子。而且，这里有我的企业所需要的所有的基础设施，我也能雇用到相关人员，与他们一起工作。

访谈者：您什么时候搬到雷德伍德市的？

拉里·罗伯茨：我在雷德伍德市住了很长一段时间，就是这后边的那座小山。大概从 1983 年到 2013 年是住在雷德伍德市。雷德伍德市的问题之一是火灾，以及树林里面存在的其他风险，这在整个加利福尼亚州都是一个大问题。所以我不喜欢住在树林附近。

访谈者：您有什么爱好？

拉里·罗伯茨：我最感兴趣的是数据分析，理解和制定理论。因此，需要进行大量的数据分析，以便搞清楚不同现象背后的真正关系和意义。我在互联网领域做了很多年的数据分析，已经有 50 年了，但我也一直在为其他项目做这件事。我会对很多事情感兴趣，从金融到我正在做的任何事情，我喜欢弄清楚事情是如何运作的。

所以我在 Excel（电子表格）和数学方面做了很多工作。我的强项是数学。

访谈者：除了数据分析之外，您还有其他爱好吗，比如游泳、阅读？

拉里·罗伯茨：我过去玩过很多类似这些的运动，在大学里玩过一点冰球。但不能算爱好，大多数时候我对运动不感兴趣。我经常阅读。

访谈者：您喜欢读什么样的书？

拉里·罗伯茨：主要是科幻小说。

访谈者：您个人最喜欢哪本书？

拉里·罗伯茨：我说不上来。喜欢的书太多了。

访谈者：您对娱乐不感兴趣？

拉里·罗伯茨：我不太感兴趣。我一直对电视等不感兴趣，基本上不关注大众媒体。

访谈者：您喜欢什么样的食物？我可以闻到泰德正在做饭。

拉里·罗伯茨：泰德应该是在为自己做吃的东西。在食物方面，我当然感兴趣而且喜欢，但我越来越感兴趣的是节省时间而不是花太多时间烹饪食物。所以今天是速冻食品，速冻比萨饼，对我来说这样效率更高。

访谈者：好吧，非常感谢您！

拉里·罗伯茨：谢谢！

拉里·罗伯茨访谈手记

方兴东

"互联网口述历史"项目发起人

2018 年 12 月 26 日，"互联网之父"拉里·罗伯茨因心脏病去世，享年 81 岁。在《纽约时报》网站上看到这个消息的时候，我一时不敢相信。此前，我们"互联网口述历史"项目组对他进行了四次访谈，每一次都聊得轻松愉快。最近一次是在 2018 年 9 月，当时我们并没有感觉到他身体会有什么问题（当然，事后我们看他访谈的视频，还是可以感到他说话声调和语气的变化）。本来我们还计划着第五次、第六次访谈的提纲（主要围绕他担任信息处理技术办公室主任期间支持除互联网之外的其他项目的过程，他从 1973 年之后 40 多年的多次创业过程，以及他更深入的生活历程）。

不想我们就这样与拉里永别，距离 2019 年互联网诞生 50 周年仅仅一步之遥，实在让人痛惜！我们再也没有机会听他亲口讲述自己的历史，无法再挖掘互联网起源之初更多的细节和史料，这种缺憾难以弥补。这无疑是巨大的损失，让我们略感欣慰的是，我们累计十多个小时的访谈，应该是他留给这个世界最翔实的讲述，也将是我们完成拉里·罗伯茨个人传记难得的资料。我们将通过访谈更多与他相关的人士，通过更多人的讲述进一步丰富他的人生和经历。

在公认的四个"互联网之父"中，拉里·罗伯茨尤其特别。虽然阿帕网项目最初的立项工作是鲍勃·泰勒完成的，但项目的整个规划、架构、招标、技术选择和监督等，都是拉里·罗伯茨完成的。阿帕网建设凝聚了很多人的智慧和心血，但整个项目的决策者和最终拍板者就是拉里·罗伯茨。所以，可以毫不夸张地说，拉里·罗伯茨是互联网从 0 到 1 的真正推手，是名副其实的阿帕网总设计师。作为让互联网真正从构想到实现的总建筑师，他个人的努力和贡献如何高估都不为过。

拉里·罗伯茨在 1973 年就投身于网络技术的商业化之中，比 20 世纪 90 年代互联网浪潮的掀起起码提前了20 年。因此，他也可以被称为最早的互联网企业家。此后的 40 多年中，他在创业路上可以说屡战屡败，屡败屡战，始终在推动将创新技术推向社会。这些"互联网之父"开启了改变整个人类文明进程的互联网浪潮，而直到今天，很多人连一本传记都没有，这不能不是一种巨大的亏欠，我希望我们中国人可以为此做出独特的贡献。

第一次访谈

2017 年 8 月，在夏天的旧金山，我们第一次访谈拉里·罗伯茨。的确如马克·吐温所说，"我经历过的最寒冷的冬天是在旧金山的夏季"。夏天的旧金山到了傍晚真有冬天的感觉。这一次，"互联网口述历史"项目把四位"互联网之父"约全了，他们分别处于三个地方：旧金山、洛杉矶和华盛顿。拉里·罗伯茨是第一位。这个顺序也挺合适。作为互联网前身阿帕网项目的技术负责人，这位是无可争议的"阿帕网之父"，也因此被称为"互联网之父"。他于1967 年提出阿帕网的构想，并领导着诸多大学和研究机构协同攻关，最终主导了"天下第一网"阿帕网的诞生，这标志着人类社会正式进入网络时代。可惜，当年软硬兼施把他"强行拉进"阿帕网项目的伯乐——鲍勃·泰勒，于2017 年 4 月 13 日去世，让我们的访谈对象少了一位"互联网之父"，也预示着我们的访谈必须要快马加鞭。这次我们也让他一同说说鲍勃 · 泰勒的故事。大约 50 年前的互联网故事，是我们回顾历史、面向未来最陌生而遥远的故事。四位"互联网之父"，既是互联网的催生者，也是互联网精神最好的体现者，50 年前也刚好是中国互联网"缺失"的阶段。

要排列"互联网之父"的顺序，拉里 · 罗伯茨排到第一位，应该没有人跟他抢位置。毕竟，是拉里在美国高级研究计划局的信息处理技术办公室设计和规划了整个阿帕网的架构和基本路线，互联网才真正成为网，包交换和 TCP/IP 等才有用武之地。将近 3 个小时的访谈，80 岁的拉里跟我们分享了 50 年前的故事。作为没上学就熟练电子器件、小时候就能够自己组装出电视机的麻省理工学院超级学霸，他依然保持每天 12 个小时的工作时间，这种拼劲今天的年轻人又有多少？对他来说，做这些有意义的事情就是最大的快乐。他们的故事告诉我们，互联网的巨大成功，不仅仅是因为商业，更重要的在于内在的一种精神。我们每一个受惠于互联网的人，都应该向这样的前辈致敬！

第三次访谈

2018 年 7 月 6 日，我们第三次访谈拉里 · 罗伯茨，围绕历史性的关键事件继续深入挖掘当年的细节和故事。除了作为阿帕网的总架构师，创业更是他人生极重要的部分。拉里·罗伯茨可以说是互联网最早商业化的开拓者，在近 50 年前的 1973 年他就离开美国高级研究计划局，担任 Telenet 的 CEO（首席执行官），从事包交换通信的商业化应用。他的另外两家公司 Caspian Networks（已不存在）和 Anagran 也致力于提高各种互联网技术的质量，包括视频流。2007 年，Anagran 推出了首款产品 FR-1000 Flow Router 路由器，可以智能化地以最高性能传输最关键的信息。罗伯茨说："随着流量的变化，我们不能再指望上一代信息包技术来提高互联网的性能了。实际上，这种技术 40 年来一直没有任何改变……现有的产品已不能用来有效地传输 IPTV、定制视频、VoIP 和 P2P 的混合产物，以及其他我们尚未经历的各种类型的通信了。Anagran 将改变这一切，我们将支持这一代和下一代的需求。"

到我们第三次访谈，他的创业历程已经有 45 年。他一共创办了 6 家公司，是名副其实的连续创业者。公司有成有败，融资不少，但终究没有实现上市等目标。当然他自己不认为创业不成功，而且 81 岁的他依然在创业之中，每天工作 12 个小时以上，真正是老当益壮。不过，融资能力肯定不能和硅谷的青壮年相比，所以，员工尽可能少。

作为典型的工科男 CEO，在拉里・罗伯茨手下干活可不轻松。他说前不久他解雇了 CTO（首席技术官），因为他觉得 CTO 写代码还不如自己。然后又解雇了 CFO（首席财务官），因为他觉得 CFO 做财务也不如他。结果，现在他自己一人身兼 CEO、CTO 和 CFO。这一次围绕创业的两个半小时，也还是意犹未尽。

第四次访谈

这一次已经是第四次访谈拉里・罗伯茨了，前三次访谈累计有 7~8 个小时。访谈要每一次都不重复，且更深入，当然是很有挑战性的，需要精心准备访谈提纲。这就像一个金矿的矿工，铁锹每一次挥下去，力度和位置都得到位才行。我们约好了早上 9 点，所以还不用太早起，但考虑到硅谷早上的交通我们还是预留了足够的提前量。

前三次访谈大致梳理了整个历程。这一次我们希望更加系统和深入，听到详细的故事和细节，主要包括以下几个部分：（1）更加详细的个人成长历程和生活方面比较有意思的事情；（2）在美国高级研究计划局期间，除了支持阿帕网，支持其他项目的情况；（3）系统讲述一下在离开美国高级研究计划局之后的每一段创业历程；

（4）更加具体地回忆一些历史关键事件;（5）互联网一些争议性的关键问题。

这次，拉里·罗伯茨也和他一贯的做事风格一致，严谨、认真，有问必答，有板有眼，当然他并不是一个善于滔滔讲述的人。我们这次访谈问了他如何定位自己：第一身份究竟是一个科学家、工程师，还是一个企业家?

拉里·罗伯茨认为自己首先还是一个企业家，他一生都是在创造新的东西，并希望通过商业化来改变社会。他的第一次创业是1973—1980年担任 Telenet 的 CEO，这是第一个推动包交换技术商业化的公司。因为起码比市场提前了十多年，所以公司没有大获成功，但是产品也成功出售，拉里·罗伯茨也因此成了百万富翁。1998—2004 年他担任 Caspian 的董事长兼 CTO，那时时机再好不过，正好赶上了历史上最波澜壮阔的互联网热潮。凭借他"互联网之父"的头衔，Caspian 前后总共融资了 4.3 亿美元。但 Caspian 在他离开两年之后的 2006 年就停止运营了，投资者这次赔大了。当然，遇到泡沫破灭，那个阶段的大多数创业项目，尤其是野心勃勃的项目，都难逃失败的命运。所以，有时候赶上最好的时机，反而可能也是灾难。

拉里·罗伯茨最要好的朋友、另一位"互联网之父"伦纳德·克兰罗克在访谈中坦言，拉里·罗伯茨最适合的身份就是 CTO，他是个技术优秀的工程师，但并不是一个真正善于与人打交道、长于管理的 CEO 人才。当然，拉里 · 罗伯茨自己似乎并不如此认为。81 岁的拉里 · 罗伯茨依然在创业之中，因为这个项目目前资金有限，所以他是一肩挑起 CEO、CFO 和 CTO。他在努力融资，希望能够融到 1000 万美元。不知道这一次他究竟能否成功。但是，他的创业精神的确值得我们学习。

永远抱憾的第五次访谈

2018 年 11 月，当我们到达硅谷，给拉里 · 罗伯茨发邮件落实第五次访谈时，让人意外的是，拉里 · 罗伯茨居然没有响应，而之前他总是在第一时间回复邮件。我们追发了邮件，依然没有消息，这一趟就只能抱憾。后来从对他伴侣的访谈中才知道，此时的他已经将家里的东西全部打包寄走，准备搬离硅谷，因为物价不断提升，他们承受不起。

一个多月之后，他去世的消息传来，我们的第五次访谈永远不可能实现了。我们很快收到拉里的儿子帕夏 · 罗伯茨的邮件，他从伦纳德 · 克兰罗克那里问到了我们的邮件地址，得知我们有多次访谈的录像，问我们能否剪辑一个视频，用在拉里的追思会上。我们当然非常愿意。并且，在他邀请我们参加拉里的追思会时，我们马上就答应了，临时加上一次美国之行。这对于"互联网口述历史"项目来说，也是有着特别的意义。钟布也专门从东部飞了过来。

2019 年 1 月 20 日下午 1 点，拉里·罗伯茨的追思会在硅谷计算机历史博物馆最大的会议室正式开始。追思会由他的儿子帕夏·罗伯茨和他的铁杆好友伦纳德·克兰罗克共同主持。虽然伦纳德·克兰罗克比拉里·罗伯茨大 3 岁，但是身体十分硬朗，可以蹦着跳上舞台。

参加追思会的主要是罗伯茨和他伴侣的亲朋好友，包括鲍勃·卡恩、伦纳德·克兰罗克、史蒂夫·克罗克（Steve Crocker）、戴夫·克罗克（Dave Crocker）、伊万·萨瑟兰（Ivan Sutherland）等互联网先驱，以及《纽约时报》撰写他去世消息的美国著名 IT 科技记者凯蒂·哈夫纳（Katie Hafner）等。因为美国东部大雪，温顿·瑟夫当天没能到硅谷，这使得四大"互联网之父"最后聚在一起的机会流失了（当然，当天的拉里·罗伯茨只能是通过铜像的方式注视着大家）。这么多互联网先驱齐聚一堂，也是非常难得的。大家各自上台讲述与拉里·罗伯茨交往的故事，感人之至。

在一个可以容纳近两百人的偌大的会议厅里，当天只到场五六十人，这难免显得有点冷清。没有政府的人，没有媒体的人，也没有产业界的人。一代"互联网之父"的追思会，就是如此简单平淡，与今天热闹喧嚣、蓬勃发展的互联网形成鲜明对照。

2019 年 4 月 8 日至 12 日，信息社会世界峰会论坛在日内瓦举办，并进行信息社会世界峰会论坛十周年庆祝活动，主题是"利用信息通信技术，实现可持续发展目标"。信息社会世界峰会论坛是世界 ICT（信息与通信技术）行业每年举办的规模最大的"信息通信技术促发展"利益相关多方年度聚会，由国际电信联盟（ITU）、联合国教科文组织（UNESCO）、联合国贸易和发展会议（UNCTAD）与联合国开发计划署（UNDP）共同与所有其他联合国机构紧密协作举办。

"互联网口述历史"项目主办了"互联网 50 年"主题与 5G 主题的两个工作坊，这也是"互联网口述历史"项目首次参加展会。我们在纪念"互联网 50 年"的工作坊开场，播放了拉里 · 罗伯茨的纪念视频，并且做了主题发言。除了著名网络思想家曼纽尔 · 卡斯特（Manuel Castells）和硅谷计算机历史博物馆互联网主任马克 · 韦伯（Marc Weber）的视频发言，还有"法国互联网之父"路易斯 · 普赞（Louis Pouzin），脸书全球副总裁罗伯特 · 佩伯（Robert Pepper）

等做主题发言。

以下是我在工作坊上的发言内容：

今年1月20日，我受邀参加"互联网之父"拉里・罗伯茨在硅谷计算机历史博物馆召开的追思会，见到了很多互联网界老前辈。互联网50年了，他们当年投身互联网、创造互联网的时候，真是年轻力壮。但是，如今他们已经越来越老，一些人开始陆续离开这个世界，而将互联网更辉煌的未来留给了我们。

追思会的会场比今天的会场还大。但是，参加追思会的人却很少，可能比今天参会的人多不了多少。拉里・罗伯茨去世的消息，全球也没有多少媒体报道，可能受到的关注度远不如抖音上的一个网红多。的确，今天全球有43亿人，超过一半的人口享受着互联网的好处。但是，几乎很少有人还会记住当年互联网的创造者。我们忘掉这些人不要紧，但是忘掉互联网开创者当年创造互联网的初心和互联网精神，就可能是个大问题。

"互联网口述历史"项目迄今已经开展12年，访谈了全球超过400人，覆盖了40多个国家。我们还将不断深入，尽快完成100个以上国家互联网关键人物的访谈。我们访谈这些人物，不仅仅是记录他们的光辉历史，更希望通过他们了解互联网的初心，了解这些开创者的价值观。

当年, 他们并没有想到有一天互联网能够发展到今天这样的程度, 也没有想过通过创造互联网发财致富。他们核心的驱动力就是希望通过科技创新改善人类的生存状态。

他们的初衷已经实现, 但是, 他们当年的初心已经被很多人忘却。过去 50 年, 互联网释放的好处远远大于负面影响。但是, 今天的互联网可能已经开始进入了一个新的拐点。如果世界各国不能紧密合作, 有效的全球网络治理机制不能建立起来, 互联网释放的负面影响就很可能会越来越失控。不仅仅是假新闻、网络安全和网络犯罪等, 还包括超级网络平台汇聚越来越大的权力, 亿万网民的数据因为商业化被滥用, 以及地缘政治开始强有力地干预互联网的健康发展。

我问了许多人, 假如互联网是在今天发明的, 美国还会不会推动它走向开放、积极促进扩散和助力发展, 让互联网成为世界各国正在共享、共建的一个网络? "一个世界, 一个网络" 的梦想还是不是能够再次发生一遍? 大多数人给我的答案都充满了疑虑, 而不敢肯定!

迄今我们访谈的 400 多位互联网先驱和关键人物, 他们无疑是这个时代最伟大的群体, 是人类新文明的缔造者。今年是互联网诞生 50 周年, 这意味着当年 30 岁的人, 今年也有 80 岁了。很多人已经离开了我们, 更多的人也将会离开。400 多人中，有 100 多人是 70 岁以上的，这是我们"互联网口述历史"项目抢救性访谈的一部分。正如麦克阿瑟的名言所说，"老兵永远不死，他只是凋零"（Old soldiers never die, they just fade away）。为我们创造互联网的无数先驱，也是如此。他们会凋零，但是他们的初心和他们的精神，我们不能忘记，而更应该发扬光大！

方兴东和拉里·罗伯茨合影

钟布视角:"互联网之父" 拉里·罗伯茨

2019 年 1 月 20 日,旧金山天气突然转阴,仿佛寄托了人们对失去一个伟大互联网先驱的哀思。

现代互联网前身阿帕网的主要负责人拉里·罗伯茨于 2018 年 12 月 26 日在旧金山去世,享年 81 岁。

2019 年 1 月 20 日,我和方兴东早早来到设在计算机历史博物馆的罗伯茨追思会现场,等待下午一点钟追思会正式开始。追思会由罗伯茨的儿子帕夏·罗伯茨和另外一位互联网先驱、加州大学洛杉矶分校教授伦纳德·克兰罗克共同主持。

追思会上的笑声

前来参加追思会的人都是罗伯茨的亲朋好友，其中多数是当今负有盛名的互联网先驱，如鲍勃 · 卡恩、伦纳德 · 克兰罗克、史蒂夫 · 克罗克、戴夫 · 克罗克、伊万 · 萨瑟兰及美国著名 IT 科技记者凯蒂 · 哈夫纳等。他们对罗伯茨在互联网技术方面的贡献如数家珍。大家在追思会上充分利用分配给自己的 5 分钟发言时间来分享与罗伯茨交往中的趣事。

追思会上没有人哭泣，只有一阵阵欢声笑语。

两个多小时的追思会很快结束，罗伯茨的朋友们回忆了他作为阿帕网负责人时期的严厉、幽默以及他对互联网发展的深刻洞察力。旧金山计算机历史博物馆负责人马克 · 韦伯说，博物馆在收藏了罗伯茨手写的大量设计图后，想请这位不苟言笑的科学家照相时笑一笑。马克 · 韦伯风趣地说，挤出笑容对他而言非常困难，比思考互联网还困难。

在生活中，罗伯茨又是一个特别幽默的人。他把设备悄悄带入赌场读取即时数据，希望发现在赌场上百战百胜的秘诀。在伦敦开会期间接到克兰罗克发来的电子邮件后，他帮先行返回美国的克兰罗克找回了遗忘在酒店的电动剃须刀。当年全世界只有不到 30 个人能够使用电子邮件,而美国政府提供的电子邮件只能用于研究,不能用于私事。结果他俩成了世界上最早的"黑客"。

一位斯坦福大学的教授透露,当年五角大楼与白宫通信的加密软件就是罗伯茨设计的,但今天已经很少有人提及。这个通信软件和它的升级版至今可能还被美国军方和很多政府部门使用。

罗伯茨的邻居和他公司的年轻员工也来参加了追思会,分享了他给年轻人讲授技术心得、给旧金住处附近的一些非营利性机构提供商业咨询等趣事。这个追思会由亲朋好友自费组织,没有政府官员参加。

也许出于亚洲人的习俗,我无法完全融入会场的轻松气氛。虽然脸上尽量保持微笑,但内心更多的还是悲伤和感叹。追思会后大家随意交谈。我和老朋友哈夫纳单独交谈了一会儿,当年哈夫纳作为《纽约时报》的科技记者曾多次采访罗伯茨。我只告诉她我内心的悲痛和不解,那天我们共同的感慨是罗伯茨去世太突然了。

最后的采访

追思会也让我感到,虽然我们多次采访过罗伯茨,但我们对这位互联网先驱的了解其实还非常有限。追思会即将结束时，方兴东提出访谈罗伯茨的伴侣，希望借此对他有更多了解。方兴东对所有互联网历史人物有一种深挖到底的执念，何况是四大"互联网之父"中最资深的罗伯茨。

作为曾经的记者，我认为世界应该记住罗伯茨和他对互联网的贡献。而我最感兴趣的是他辉煌成就背后鲜为人知的人生轨迹和心路历程。他已经给我们讲过早年从事的科技活动，但对他离开华盛顿后的生活轨迹讲得不多。在方兴东一提出在追思会后采访罗伯茨伴侣时，我感觉时机可能不妥，但是也隐隐约约感觉到，那晚可能是世界给我俩预备的最后一个了解罗伯茨的机会。因为这位女士马上准备离开加州，飞往密歇根开始退休生活。一旦她离开加州，我们可能再也无法联系到她。

这个想法我来不及和方兴东交流，想来他可能也有不少同感。他一提出采访，我们的脑电波马上共振。多年的配合，我们的默契无须靠"缓慢"的眼神传递，"一拍即合"在一秒钟内完成。

我马上去和罗伯茨的伴侣泰蒂·林克（Tedde Rinker）沟通。结果出乎意料，她婉拒，说这些天她非常悲伤和劳累。这几天她住在一个临时住处，比较偏远，环境较差，不太方便接受电视采访。她当时也 70 多岁，身体一直不好——这也是为什么此前几乎是罗伯茨一个人收拾行李，准备搬离加州。这些天她很艰难，婉拒也在情理之中。

我没有放弃，向她表明我们完全理解她的处境，但对罗伯茨的敬重让我们不得不提出这个采访要求。我提议，她先休息一下，我们晚上9点去她住处见面采访，只录音不使用摄像机。我的话很简短，但每一个字都是真诚。结果她留下了地址，答应晚上再见。

深夜拜访

简单晚餐后，方兴东和我立刻开车去找那个地址。说实话，那个地方很难找。我完全没有想到，那是旧金山最复杂的一个区。我在美国生活了20多年，也当记者多年，但也只听说过纽约有这类小区，并没有去过。等我们终于找到那个地址，才发现那是一栋很小的住房，与邻居的房子几乎紧挨着，每户门前不足5平方米的小草坪上都安上了少见的铁栅栏。幸好那个地址的铁栅栏门半开着，我冒险走进去敲门，出来一位中年男子。他英文不太流利，说没有听说过泰蒂这个名字。我仔细核实了下地址，地址没错。过了10多分钟，对方恍然大悟，说屋后有一个在Airbnb（爱彼迎）上招租的出租房，让我们去问问。

说是出租房，其实只能算简易房，床、厨房和厕所都在同一间狭小的房间内。泰蒂前来开门，室内低矮昏暗，只有灶台上的微波炉底有一盏昏黄的小灯。在如此昏暗的房间里，的确无法录像。罗伯茨最后决定搬离加州估计和经济状况不好有关。

泰蒂・林克说，罗伯茨一直很重视身体，他每天吃的各种保健品和药片状营养品一手都捧不过来，必须两手捧着。我问，每天服用这样的保健品的数量到底是多少？她说，可能有 70 多片。很难想象，罗伯茨会相信这些保健品的功能。从初次见面以来，我一直认为他的身体状况很好。和另外三位“互联网之父”相比，他在访谈中很少有笑容。由于阿帕网当年是美国国防部的一个科研项目，罗伯茨当时的办公室就在华盛顿的五角大楼内。长期在这样的环境中工作，我猜想严肃多于活泼，他自然也就不太容易面带笑容。

我无论如何都不能理解罗伯茨为什么要服用这么多保健品。罗伯茨于 1937 年 12 月 21 日出生在康涅狄格州一个名为 Westport 的小镇。17 岁，他考入麻省理工学院，就读当时最热门的专业——电子工程。1959 年他本科毕业，次年获得麻省理工学院电子工程硕士学位。1963 年他获得麻省理工学院博士学位，专业仍然是电子工程。他博士论文的题目是"三维固体的机器感知"（Machine Perception of Three-Dimensional Solids），该论文至今被认为是"计算机视觉"研究领域的奠基研究成果之一，他成为这一领域的开山鼻祖之一。1963 年已经成为麻省理工学院博士的罗伯茨应该算是一个罕见的学术天才，但更让我吃惊的是，他的父母双双都是化学博士。美国在 20 世纪 30 年代有多少博士？又有多少化学博士夫妇？这样的家庭培养出罗伯茨这样学有所成的麻省理工学院博士，应该算是理所当然。

不过，我还是很难理解，罗伯茨为什么会相信那些保健品，而且每天大量服用。

最后的日子

泰蒂说，罗伯茨去世非常突然。最近几个月，他们一直在收拾行李，东西很多，毕竟他在加州住了几十年。我第一次去他家时，泰蒂身体不适在里屋睡觉。我们在外面客厅采访他。住房很小，很乱，罗伯茨获得的各种奖牌、奖杯随意堆放着，从中我找出了计算机领域最高奖图灵奖的奖牌，上面布满了灰尘。而另外一位"互联网之父"鲍勃·卡恩同样获得过图灵奖，他的图灵奖奖牌存放在公司展览厅的密封玻璃柜中，一束柔和的灯光从上面照射着奖牌，与这个奖牌在罗伯茨家中的待遇真是天壤之别。

泰蒂腰不好，收拾行李主要是由罗伯茨在家中进行的。当时他已经 80 岁，居然没有请人来帮忙。最后几周，他们变卖了家里几乎所有可以卖出的物品，包括床垫。最后有好几天，两位老人只好睡在硬硬的地板上。飞往密歇根的日子终于到了，他们提前在机场附近一个小旅馆租了一间房，准备第二天乘飞机时有充裕的时间登机。

入住酒店后，罗伯茨感到身体不适，说他想小睡一会儿。躺下后，罗伯茨对泰蒂说："这个床真好，比地板舒服多了。"谁知，这竟然是罗伯茨最后的遗言。谁也没有想到，夜幕降临时，罗伯茨在睡梦中与世长辞。泰蒂的讲述，令我和方兴东喟然长叹。

从泰蒂住处出来，已经是午夜，我们的车再次穿行在旧金山的黑暗中。车内，我和方兴东很久没有说话。第一次见到罗伯茨的场景历历在目，当时是夏天，他走出家门，在太阳下等候我们。罗伯茨和另外三位"互联网之父"因为互联网相知相聚，但人生道路截然不同。我们共同的心愿是让世界记住这位逝去的互联网先驱。想到这里，罗伯茨的音容笑貌再次浮现在脑海，让我们忘掉了周围的漆黑。

生平大事记

1937 年 12 月 21 日

出生于美国康涅狄格州。

1955 年　18 岁

进入麻省理工学院学习，就读电子工程专业本硕连读班。

1959 年　22 岁

本科毕业，获得麻省理工学院电子工程学士学位。同年与计算机程序员琼·施图勒（June Stuller）结婚，1974 年离婚。之后的三段婚姻也均以离婚告终。

1960 年   23 岁

硕士毕业。

1963 年   26 岁

博士毕业。留校，在林肯实验室担任高级研究员。读书期间，拉里·罗伯茨开始在林肯实验室工作。用早期计算机 TX-0 开发了一款光学字符识别程序。他还做过计算机图形学和虚拟现实方面的早期工作。他和同事伊万·萨瑟兰发明了一个可以操纵屏幕上方物体的超声波指示装置。

1966 年   29 岁

担任美国高级研究计划局信息处理技术办公室的项目经理。

1969 年   32 岁

担任美国高级研究计划局信息处理技术办公室的主任，负责整个阿帕网项目的规划、架构、招标、技术选择和监督等，是整个项目的决策者和最终拍板者。

1973 年   36 岁

离开美国高级研究计划局，担任使用分组交换的网络公司 Telenet 的创始首席执行官。1980 年，以 6000 万美元的价格将 Telenet 卖给了 GTE。

1976 年　39 岁
获得美国电子电气工程师协会哈里·古德纪念奖。

1978 年　41 岁
成为美国工程院院士。

1982 年　45 岁
获得爱立信奖、电脑设计名人堂大奖。

1983 年　46 岁
担任 DHL 公司总裁兼首席执行官。

1990 年　53 岁
获得美国电子电气工程师协会华莱士·麦克道尔奖。

1983—1993 年　46~56 岁
担任专门从事分组传真和 ATM 设备公司 Net Express 的首席执行官。

1993—1998 年　56~61 岁

担任 ATM Systems 公司总裁。

1998 年　61 岁

成立 Caspian Networks 公司，筹集 3.17 亿美元用来生产基于流量的路由器，它能分析网络流量并加以改进。这种设备的售价达到每台接近 50 万美元。

1998 年　61 岁

获得美国计算机协会 SIGCOMM（数据通信专业组）奖。

2000 年　63 岁

获得美国电子电气工程师协会互联网大奖。

2001 年　64 岁

获得德雷珀奖。

2001 年　64 岁

获得国际工程联盟研究员奖。

2002 年　65 岁

获得西班牙阿斯图里亚斯王子奖。

2004 年　67 岁

创立 Anagran 网络设备公司，并担任公司董事长至 2011 年。

2005 年　68 岁

获得日本 NEC C&C 奖。

2012 年　75 岁

担任 Netmax 首席执行官，入选国际互联网名人堂。

2018 年 12 月 26 日

逝世，享年 81 岁。

"互联网口述历史"项目致谢名单

(按音序排列)

Alan Kay

Bernard TAN Tiong Gie

Bill Dutton

Bob Kahn

Brewster Kahle

Bruce McConnell

Charley Kline

cheng che-hoo

Cheryl Langdon-Orr

Chon Kilnam

Dae Young Kim

Dave Walden

David Conrad

David J. Farber

Demi Getschko

Elizabeth J. Feinler

Eric Raymond

Esther Dyson

Farouk Kamoun

Franklin Kuo

Gerard Le Lann

Gordon Bell

Håkon Wium Lie

Hanane Boujemi

Henning Schulzrinne

Hock Koon Lim

James Lewis

James Seng

Jean Francois Groff

Jeff Moss

John Hennessy

John Klensin

John Markoff

Jovan Kurbalija

Jun Murai

Karen Banks

Kazunori Konishi

Koichi Suzuki

Larry Roberts

Lawrence Wong

Leonard Kleinrock

Lixia Zhang

Louis Pouzin

Luigi Gambardella

Lynn St. Amour

Mahabir Pun

Manuel Castells

Marc Weber

Mary Uduma

Maureen Hilyard

Meilin Fung

Michael S. Malone

Mike Jensen

Milton L. Mueller

Mitch Kapor

Nadira Alaraj

Norman Abramson

Paul Wilson

Peter Major

Pierre Dandjinou

Pindar Wong

Richard Stallman

Sam Sun

Severo Ornstein

Shigeki Goto

Stephen Wolff

Steve Crocker

Steven Levy

Tan Tin Wee

Ti-Chaung Chiang

Tim o' Reily

Vint Cerf

Werner Zorn	焦　钰	魏　晨
William J. Drake	金文恺	吴建平
Wolfgang Kleinwachter	李开复	吴　韧
Yngvar Lundh	李　宁	徐玉蓉
Yukie Shibuya	李晓晖	许榕生
安　捷	李　星	袁　欢
包云岗	李欲晓	张爱琴
曹　宇	梁　宁	张朝阳
陈天桥	刘九如	张　建
陈逸峰	刘　伟	张树新
陈永年	刘韵洁	赵　婕
程晓霞	刘志江	赵　耀
程　琰	陆首群	赵志云
杜康乐	毛　伟	
杜　磊	孟　岩	
宫　力	倪光南	
韩　博	钱华林	
洪　伟	孙　雪	
胡启恒	田溯宁	
黄澄清	王缉志	
蒋　涛	王志东	

致读者

    在"互联网口述历史"项目书系的翻译、整理和出版过程中，我们遇到的最大困难在于，由于接受访谈的互联网前辈专家往往年龄较大，都在80岁左右，他们在追忆早年往事时，难免会出现记忆模糊，或者口音重、停顿和含糊不清等问题，甚至出现记忆错误的情况，而且他们有着各不相同的语言、专业、学术背景，对同一事件的讲述会有很大的差异，等等，这些都给我们的转录、翻译和整理工作增加了很大的困难。

    为了客观反映当时的历史原貌，我们反复听录音，辨口音，尽力考证还原事件原委，查找当年历史资料，并向互联网历史专家求证核对，解决了很多问题。但不得不承认，书中肯定也还有不少差错存在，恳切地希望专家和各界读者不吝指正，以便我们在修订再版时改正错误，进一步提高书稿内容质量。

联系邮箱：help@blogchina.com